不乱发脾气的孩子

陈晓群 主编

黑龙江科学技术出版社
HEILONGJIANG SCIENCE AND TECHNOLOGY PRESS

图书在版编目（ＣＩＰ）数据

不乱发脾气的孩子 / 陈晓群主编 . -- 哈尔滨 : 黑龙江科学技术出版社 , 2024.1

ISBN 978-7-5719-2147-7

Ⅰ . ①不… Ⅱ . ①陈… Ⅲ . ①情绪－自我控制－儿童教育－家庭教育 Ⅳ . ① B842.6 ② G782

中国国家版本馆 CIP 数据核字 (2023) 第 192800 号

不乱发脾气的孩子
BU LUAN FAPIQI DE HAIZI
陈晓群　主编

出　　版	黑龙江科学技术出版社
出 版 人	薛方闻
地　　址	哈尔滨市南岗区公安街 70-2 号
邮　　编	150007
电　　话	（0451）53642106
网　　址	www.lkcbs.cn

责任编辑	孙　雯
设　　计	深圳·弘艺文化 HONGYI CULTURE

印　　刷	哈尔滨市石桥印务有限公司
发　　行	全国新华书店
开　　本	889mm×1194mm　32 开
印　　张	4.625
字　　数	100 千字
版次印次	2024 年 1 月第 1 版　2024 年 1 月第 1 次
书　　号	ISBN 978-7-5719-2147-7
定　　价	45.00 元

序言

承接住孩子的情绪

不管您是父母还是老师，或是其他的成年养育者，很高兴您能拿起这本《不乱发脾气的孩子》，并能在教养孩子的过程中看到孩子情绪背后的需要，允许孩子真实情绪的出现，伸出双手稳稳承接住，不指责，不评判，不说教，给孩子一点时间，让情绪如洪水猛兽般泄出，奔向远方后再和孩子一起探讨解决问题的方案，达到双赢，享受风和日丽的教养氛围，看见孩子和自己彼此的成长。

作为养育者的我们，绝大部分人都会在生育孩子前满怀憧憬，幻想着生育一个健康聪明、性格温顺、明事理的孩子。然而当孩子呱呱坠地，哭声响彻产房的那一刻起，孩子的喜怒哀乐就会时时刺激着我们越来越敏感的神经。孩子尽情戏耍欢叫时，我们可能会在一旁不断提醒："不要那么大声喊叫，文静一点！""秀气一点，真不像一个女孩子！""慢点跑，注意危险！"孩子遇到伤心事哭鼻子时，我们可能会对他说："哭什么哭，哭能解决问题吗？""男子汉，不许哭！"孩子发脾气时，我们可能瞬间被他激发"战斗力"，脾气比他更火爆："谁给你的胆？还敢对我发脾气！""再吼一声试试？！看我不打你！"说着说着就开始用武力解决问题了。孩子就这样在我们的面前不知道怎么表达自己的真实情绪了，情绪一旦出来，孩子就会觉得不妥，高兴也不对，生气也不对，总而言之都是自己的不对，这样的认知引发深深的负罪感和羞耻感，情绪慢慢地被压抑到潜意识深处。孩子就这样一天天长大，负面情绪得不到宣泄，可能引发身体的各种疾病。

我们需要从内心深处尊重孩子，他们从出生的那一刻起就是一个独立的个体，具有自己的思想和情绪。由于孩子的大脑发育比较缓慢，语言表达跟不上思维，情绪抒发就变成了最好的表达方式，很多孩子当自己的需要得不到满足时就会哭闹、发脾气，有的甚至会躺在地上打滚、骂脏话、打人、砸东西等。我们如果看不到孩子情绪背后的心理需要，就无法静心面对孩子的负面情绪，自己的情绪也会失控，情绪一旦失控，言行也就会失控，明明很爱孩子，却在孩子情绪出来时变成了孩子眼里最可怕的人，伤害着孩子，让孩子感受不到被爱。

我遇到过一个真实的有关孩子情绪的事例，每当我给家长们讲起情绪的内容就会想起它。几年前，我在回家的电梯口遇到一个四五岁的小女孩，一个人站在电梯口伤心无助地大哭着。无论我怎么询问，她就是无法停下哭泣，还不断地远离着我。过了一会儿，电梯从上面下来了，当门打开的一瞬间冲出一个五六十岁的年轻奶奶，对着小女孩的脸抡起巴掌就开打，一边打还一边愤怒地大喊："谁叫你乱跑，搞得我急死了！楼上楼下地找人，你要是被人贩子捉走了怎么办？真是气死人啦！看你还乱跑不？！看你还乱跑不？！"小女孩一边用手挡着脸，一边哀嚎着："奶奶，我错了！"奶奶发泄一阵自己的情绪后，不再打小女孩了，看也没有看我一眼，就拉着哭泣的小女孩走了，恶狠狠地对小女孩说："以后不要再乱跑了，要跟着奶奶！真是急死人！"我当时就在想，小女孩跟奶奶走散了，内心里充满着恐惧和无助，如果奶奶能够体会到她的情绪，找到她时不是发脾气和打骂她，而是紧紧拥抱她、亲吻她，告诉她不要害怕，奶奶一定会找到她的，因为奶奶爱她，小女孩惊恐的情绪就会得到缓解，再和她一起探讨以后如果和大人走散了可以怎么做。当然，我当时有点理想化了，只是站在小女孩的角度思考，没有考虑奶奶真实的情绪状况。这也是告诉我们作为成年养育者，承接住孩子情绪的前提条件是看见自己的情绪，接纳它与自己同在，然后去感受它背后有什么。

其实，很多时候我们看到孩子出现负面情绪时，就会激发我们的防御机制——战斗或是逃跑；或是触发我们的核心信念——我不是一个好妈妈/爸爸。如果我们接纳我们有时不是一个好妈妈/爸爸，正如温尼科特所说"做一个六十分的妈妈就好"，这样我们就能更好地承接住孩子丰富的情绪情感，帮助孩子看到自己的情绪，接纳它的存在，学会冷静地思考问题，找寻到解决问题的方法，做一个真实、自信的孩子。

　　让我们和孩子一起走进《不乱发脾气的孩子》，罗曼·罗兰说得很好："读书就是读自己。"我们在一个个情绪故事里看到自己，用一个个情绪调节方法滋养自己，与其说这是写给孩子的情绪管理书，不如说是一本亲子情绪管理书，因为我们成年养育者心中也住着一个"孩子"，愿这本书能帮助您成长"内在的小孩"。

CONTENTS

目录

PART 01 了解孩子的情绪

PART 03 特殊孩子情绪有效管理（多动症、高功能自闭症等）

PART 01
了解孩子的情绪

　　父母在教养孩子的过程中，最为头痛的就是当孩子发脾气时自己无法理智、冷静地面对，而是采用简单、粗暴的言行解决问题和冲突。这时的孩子要么情绪被压抑，不敢再发脾气，要么情绪更激烈地爆发，大吵大闹或摔东西，很少有孩子只要父母一说道理就立马收敛住脾气。此时的父母也会感受到权威被挑战，温柔和耐心消磨殆尽，无法控制自己的负面情绪和言行，对孩子发火甚至动手，结果往往弄得两败俱伤。父母也很纳闷，总感觉和孩子讲道理讲不通，稍稍不如意就发脾气，心中好像住着一条"小火龙"，一点就喷火。其实如果父母能够了解孩子为什么会发脾气，也就是孩子的情绪到底是怎样产生的，可能就会有足够的智慧来冷静地面对孩子发脾气了。

一、认识孩子的情绪

孩子情绪的产生

孩子出生就拥有了情绪

其实孩子一出生就有了情绪。新生儿冲出产道后的第一声啼哭就向世界宣告了一个活生生的有情绪的生命来到了人世间。当助产护士把新生儿放到产床旁包裹起来时，新生儿基本都会一边大声啼哭，一边舞动四肢。但当护士把新生儿包裹好后，新生儿感有安全感，就会慢慢地安静下来，这就是孩子与生俱来的原始情绪反应。美国心理学家华生提出了新生儿有怕、怒、爱三种主要的情绪；美国著名心理学家伊扎德认为新生儿具有惊奇、痛苦、厌恶、最初步的微笑和兴趣五大情绪；中国心理学家林传鼎认为新生儿有愉快和不愉快两种情绪。父母也能在抚育新生儿的过程中感受到这些情绪。如果父母把新生儿用布包片包裹得太紧时，孩子就会发怒，小脸涨得通红，身体僵直，两只小腿拼命往下蹬，"哇哇"地大声啼哭，似乎在痛苦地对父母说："太紧了，我很生气！"父母也能从孩子的愤怒情绪中感受到他的不舒服，解开布包片，抱起孩子，用手轻轻抚摸孩子的背部，孩子很快就会安静下来，停止啼哭。父母有时还会惊讶地发现新生儿在睡梦中莫名其妙地笑。总之，父母能明显地感受到新生儿单一性的情绪，不舒服了就哭，舒服了就笑。

不断分化的情绪

随着时间的推移，孩子的情绪随着成长不断地分化丰富，从单一到多样，从原始、简单、基本情绪到发展高级情感。许多心理学家提出了不同的情绪分化理论，虽未被完全证实，但是父母如果能了解这些，对于认识孩子情绪的产生就会有很大的帮助。加拿大心理学家布里奇斯认为新生儿只有未分化的一般性的皱眉和哭的反应，3个月时分化为快乐和痛苦两种情绪；到6个月时，痛苦分化为愤怒、厌恶和害怕三种情绪；到12个月时，快乐分化为高兴和喜爱；到18个月时，分化出喜悦和妒忌两种情绪。中国心理学家林传鼎认为孩子情绪分化分为泛化、分化和系统化三个阶段。0~1岁为泛化阶段，就是指孩子的情绪反应比较笼统，饿了、尿湿了就哭等生理反应引起的情绪占主导地位，6个月开始出现了社会性需要引发的喜欢等情绪，这个时候的婴儿开始认生，有人如果要抱他，他会认真观察，如果发现不是父母或抚养人，就会哭；1~5岁为分化阶段，是指孩子从3岁开始产生了同情、尊重、爱等较为丰富的情绪。5岁以后为系统化阶段，是指孩子的道德感、美感、理智感等高级情绪达到一定的水平。伊扎德认为孩子的情绪随着年龄的增长和大脑的发育也在增长和分化，而且愉快、惊奇、悲伤、愤怒、厌恶、惧怕、兴趣、轻蔑、痛苦九种基本情绪都有相应的面部表情模式。我国心理学家孟昭兰进行的婴幼儿情绪研究实验发现了兴趣和痛苦是孩子最早发生的情绪，轻蔑和害羞在1.0~1.5岁时产生。父母在教养孩子的过程中，也可以明显地感受到孩子丰富的表情下面的各种情绪，而且孩子的表情切换可以很快速，上一秒还在哇哇大哭，下一秒需要得到满足立马就不哭或是带着泪珠咧嘴笑了，有时还会咯咯地笑出声来。比如婴儿饿了，立马就要喝奶，母亲没有及时满足他的需要，他就开始生气，哇哇大哭，但只要喝上乳汁或牛奶，他就会立即停止啼哭，美滋滋地一边吸着奶，一边安静地和母亲对视着，偶尔还会停下吸奶，望着母亲微笑。

孩子的情绪受大脑影响

容易失控的"情绪脑"

大量的科学研究表明，人类的情绪是伴随着人类的进化而一起进化过来的，与调节、维持生命的大脑中的丘脑和边缘系统相关，尤其是大脑皮质与前额叶对人类的情绪起到了非常重要的调控和整合作用。大脑皮质内和皮质下的边缘系统组成了一个复杂的神经网络，来控制情绪的生成和表达，以及情绪记忆的形成、贮存和提取。边缘系统位于脑干和大脑之间的连接部分，由杏仁核、扣带回、海马、丘脑、下丘脑、中脑等多个器官构成。0~6岁是孩子情绪脑发育的关键期，并且与孩子的智力发展关系密切。我们从外界接收的信息，通常有两条通路可以传递给大脑。一条是从丘脑直接到杏仁核的短通道，它没有经过其他地方，只要是一点点信息，就能很快地传到被称为"情绪的指挥中心"——杏仁核，杏仁核接到信息就会立即做出"要么战斗，要么逃跑"的反应。这条从丘脑到杏仁核的短通道就叫"情绪脑"，控制着人的喜怒哀乐。另一条就是从丘脑到扣带回，到大脑各区域相应皮质，再到杏仁核，可以对信息进行思考、权衡和理性的决定，这条通道就叫"理智脑"。孩子的大脑还在发育中，他们不能理性地处理信息，这就是为什么孩子会动不动发脾气的原因。所以，从小呵护孩子的情绪脑发育，关注孩子的情绪发展并加以科学指导，培养孩子良好情绪管理能力是非常重要的。男孩和女孩的情绪脑也有区别，一般男孩的杏仁核要比女孩的大2.5倍，所以男孩比较容易冲动，而女孩的杏仁核延伸到掌管语言中心的大脑皮质上，所以女孩对情绪刺激比较敏感，也比较会表达。

快乐的来源

孩子在快乐的时候大脑会分泌四种促进快乐的激素，分别是多巴胺、血清素、催产素、内啡肽。多巴胺是我们大脑内传递兴奋及开心信息的化学物质，也与上瘾有关，又被称为奖赏激素，它与快乐的感受没有直接联系，更准确地说它是一种动机因子。孩子在某个时间段情绪低落，对任何事情都提不起兴趣，就是因为多巴胺的浓度过低，感受到的动力不足以激发行动。父母要在运动、睡眠、饮食等各方面关注孩子，科学教养，有效促进孩子大脑分泌多巴胺。孩子每天睡个好觉，睡眠充足有助于保持多巴胺的含量。同时，孩子的饮食也要注重营养搭配，多吃深海鱼、豆类、奶制品等，它们含有的酪氨酸有益于多巴胺的合成，多巴胺分泌越多，孩子就越快乐。

血清素又叫5-羟色胺，被称为快乐因子，在大脑皮质及神经突触内含量很高，能够放松情绪、缓解压力、促进睡眠。如果孩子大脑中的血清素不足，会出现情绪低落、睡眠不好、动不动就喊身体累的情况。父母在平时就要注意给孩子多吃新鲜的蔬菜、水果，因为果蔬中的维生素C有助于血清素的产生。父母还要多带孩子晒太阳，尤其是早上晒晒太阳，能刺激孩子大脑分泌血清素，让孩子整天精神满满。父母还要注意培养孩子的幽默感，多给孩子讲笑话、看喜剧节目，多逗孩子笑，都能促进孩子大脑中的血清素分泌，身心放松，快乐生活和学习。

催产素由脑垂体分泌。催产素不但有助于女性的生产，而且还有助于亲密关系的构建。父母和孩子拥抱、亲吻时感受到快乐，就得益于催产素。建立亲密的信任关系，与亲密的人身体接触，可以促进催产素的分泌。科学家研究还发现，催产素能够提升人的同情心，影响人的慷慨或自私程度，如果催产素在某个人身上被抑制，那么他就会更倾向于自私的品性。所以作为父母，需要多和孩子肢体接触，多拥抱、亲吻孩子，促进孩子大脑分泌催产素，形成积极的人格品质。

内啡肽由脑垂体分泌，对人体有止痛的效果，被称为天然镇痛剂。另外，内啡肽的分泌能够让人改变负面情绪，变得更加阳光。孩子完成一些事所付出的努力越多，内啡肽分泌得越多，就越能感觉到充实和幸福，以及强烈的成就感。孩子运动、深呼吸、冥想、瑜伽、唱歌等都可以促进内啡肽的分泌，缓解焦虑感。父母可以抽时间和孩子坚持做一项运动，当运动量达到一定程度后，大脑里就会分泌内啡肽，让孩子感受到快乐。运动完后再洗一个热水澡，帮孩子按摩放松全身的肌肉，多巴胺、血清素、催产素、内啡肽的分泌全都会增加，快乐就会在亲子间流淌。

孩子的情绪受家庭文化影响

特殊的家庭结构

家庭是构成人类社会最小的集体，对于个人、国家、社会发展均有重要的影响，是个人安全感、归属感构建的重要场所，更是个人幸福的依托。不同的家庭会有不同的家庭文化，但所有的家庭文化都会有一个家庭情绪底色，这个家庭情绪底色影响着家庭中的每一位成员，特别是孩子，它成了孩子情绪的产生来源之一。由于经济的发展、社会的进步、生育政策的解禁，核心家庭的成员得到了增多，"80后""90后"的独生子女也已经成为人父人母，担负起了养育儿女的责任。由于他们大部分本身就是独生子女，养育过程使他们形成了独特的个性，有时在教养多子女上缺乏一定的经验方法和耐心。而且他们可能会牵扯进一方原生家庭，把一方的父母接到自己的核心家庭中来，打破核心家庭的结构，夫妻另一方就会感觉到属于自己的领地被侵犯，产生的负面情绪或被压抑，或传递给孩子，因为孩子是家庭中最弱势的那个人。

另外，现代的家庭结构比较单一，大家族观念逐渐淡薄，村庄、单位共养孩子的现象已经消失。在20世纪90年代之前，家庭里的孩子不单单只是父母的，还属于大家族、村庄和单位，孩子有时可以自由地选择自己在亲朋好友家玩耍、吃饭和睡觉，选择给予了孩子生命的流动和愉悦的情绪。然而现在的家庭结构基本就是四个甚至八个老人（祖辈们）加上夫妻两个人和1~3个孩子，孩子生活的点滴被2~6个大人关注着，表面上的所有都被大人看见，实际上内心却有可能从未被大人看见，小小年纪承受着一定的压力，而且说不出口，生活中也没有过多的选择，活动空间受限，生命的灵动性不够，于是各种复杂的情绪应运而生。

重要的家庭关系

家庭中有三种关系十分重要，一是夫妻关系，二是亲子关系，三是婆媳关系。夫妻关系是家庭所有关系中最为重要的关系。夫妻俩相亲相爱、和睦相处，科学教养孩子，孝敬接纳长辈，努力工作学习，积极面对生活中的各种困苦和挑战，抵制生活中的各种诱惑，具有正确的三观，不抱怨，不逃避，恩爱团结，规划家庭发展愿景，才能为孩子做好快乐生活的榜样，激发孩子的积极乐观的情绪。一般夫妻关系好的家庭，孩子的心理都比较健康。很多心理、行为出问题的孩子都出自夫妻关系不和睦的家庭。当孩子还小的时候，如果夫妻当着孩子的面吵架、打架、冷战等，孩子就会觉得是自己做得不够好，爸爸妈妈才会吵架，内心会产生内疚、敌意和悔恨等负面情绪。这些负面情绪又会引起亲子关系冲突，对人失去信任感，引发对爱的质疑。

随着经济、社会的进步和发展，婆媳关系已经得到了很大的改善，但是在现实生活中还是会出现一些不可调和的矛盾。婆媳关系相处不好，是会直接影响到孩子的情绪和行为的。特别是那些从出生就是由奶奶带大的孩子，他们和奶奶建立了紧密的依恋关系，然而对父母的爱又是绝对忠诚的。如果奶奶和妈妈之间发生矛盾，他们会很痛苦，不知道怎么办，因为双方都是他们爱的人。还有就是奶奶把孩子带到3岁或是6岁上幼儿园或上小学了，离开孩子回到老家去，孩子紧密的依恋关系突然断掉，也会引发孩子的强烈的负面情绪。

典型的家庭教养

不同的家庭教养方式对孩子的发展会有不同的影响。20世纪70年代，美国心理学家戴安娜·鲍姆林德对教养方式进行了研究，后来的学者在其研究基础上把教养方式分为了四种类型，即权威型、专制型、放纵型和忽视型。这四种类型是依据情感反应和行为要求等两个维度进行划分的。

权威型父母对孩子有明确的要求，但是并不会通过强制的方式让孩子服从，他们会与孩子进行充分的沟通，把对孩子的要求变为对自己的要求，让孩子产生内在动力，允许孩子有自己的主见。同时他们也高度关注孩子的情绪情感等各方面需要，爱孩子、接纳孩子。

专制型父母往往要求孩子必须听自己的，同时会对孩子有过高的期待与要求；一般不考虑孩子的感受与意见，当孩子不服从时通常通过简单粗暴的方式迫使孩子服从。孩子长期生活在父母的控制要求下，看父母脸色行事，往往会变得没有主见。在高压管控下，孩子常常焦虑、紧张不安，遇到困难只会退缩，青春期还容易出现反抗和攻击行为。

溺爱型父母表面上看很爱孩子、包容孩子，实际上是对孩子的一种捆绑和伤害。溺爱使孩子不知道边界和底线，以自我为中心，缺乏自控力、依赖性强，任性，做事缺乏毅力和责任感，丧失一些应有的社会适应能力，还会经常抱怨父母，容易激发负面情绪和无力感。

忽视型父母一种是不与孩子生活在一起，缺席孩子的成长；一种是仅仅满足孩子的物质生活需要，不关心孩子的精神需求。父母很少回应孩子的需求，情感冷漠，缺少对孩子的教育和爱。

孩子会缺乏安全感，变得冷漠孤僻，适应社会难，易产生愤恨情绪，出现攻击性行为，自控力低，行为会有失调现象，长大后还容易出现酗酒、逃学和吸毒等问题行为。

必要的家庭经济

家庭中的经济资源要能够保证家庭功能的正常发挥，使得家庭成员之间能够高质量地交往，能增加家庭的亲密度和适应性。如果家庭缺失经济资源，父母就会花很多时间从事工作，很少有时间陪伴孩子，亲子之间缺乏交流沟通，就会导致亲子关系疏离，家庭亲密度降低，家庭无法正常发挥其功能，孩子就有可能会因为缺少来自父母的关注、鼓励而产生较低的自我评价和消极的自我情绪情感。

神奇的家庭派遣

家庭派遣是心理学家庭治疗中的理论，指孩子和父母之间有一种无条件的忠诚和孝顺关系，父母会在意识层面或是无意识层面把自己认为重要的使命交给孩子去完成。譬如说，父母在自己年轻时没能完成的梦想，通过自己的孩子才能去实现。孩子受到父母的派遣，得到托付、受到鼓励，带着父母的使命去外面的世界完成任务，但是这些任务往往是父母尚未实现的追求或没有满足的需求，而不是孩子的需要。派遣还会出现五种偏移：一是拔苗助长，父母对孩子的要求超出孩子的实际能力；二是任务冲突，派给孩子太多任务和目标，孩子在繁杂的任务当中不知道自己要完成什么；三是过度溺爱，养育"巨婴"，害怕孩子离开而限制孩子自我成长；四是孝顺冲突，父母双方价值观冲突，对孩子的期待和要求不一样，孩子不知道听谁的；五是抚养问题，生而不养，忽略或者过度教育，教养方式冲突。孩子在派遣偏移中就会产生很多复杂的负面情绪情感，失去自我和成长动力。

孩子的情绪受认知水平影响

认知中的情绪

情绪与认知是紧密相连的，是相辅相成的。认知是指人们获得知识和运用知识的过程，是人最基本的心理过程，它包括感觉、知觉、记忆、思维、想象和语言等。著名心理学家皮亚杰提出了认知发展理论，他把认知发展分为四个阶段，分别是：0~2岁的感知运动阶段，这个阶段的孩子思维开始萌芽，语言刚刚使用，主要是依靠动作去适应环境；2~7岁的前运算阶段，这个阶段的孩子思维和语言都有了质的飞跃，但是思维具有不可逆性，认识不到事物的表面特征发生改变，其本质并没有发生变化，比如说在一个高杯子和一个矮杯子里倒入等量的一杯水，孩子往往会认为高杯子里的水要比矮杯子里的水多，这个阶段的孩子以自我为中心，具有"泛灵论"，认为万事万物都具有生命，经常会跟玩具、布娃娃等对话，坚持自己的观点，不顺心时就会乱发脾气；7~12岁的具体运算阶段，这个阶段的孩子守恒观念形成，也就是说等量的水倒入不同形状的杯子里，孩子知道不同杯子里的水是一样多的，孩子可以进行简单抽象思维，思维具有可逆性，比如说学习数学时从摆小棒思考到不用摆小棒，看见数字就可以心算出来，这个阶段的孩子已经进入小学，能理解原则和规则，但只能刻板遵守规则，不敢改变；12~15岁的形式运算阶段，这个阶段的孩子思维发展到抽象逻辑推理水平，孩子对事物的理解更加深透，可以进行假设—演绎推理。孩子的认知的过程中同时会伴随着各种情绪。孩子的认知会影响到情绪和行为，比如他认为这个人是不友善的，那么他对这个人就会产生恐惧、厌恶和焦虑的情绪，并且会远离这个人。孩子的认知是随着年龄的增长而发生变化的。孩子本身的认知水平对情绪有很大的影响，对同一件事情，孩子如果带着积极的态度去看，就会产生积极的情绪；如果用消极的眼光去看，就会产生消极的情绪。情绪如何，看法和角度很重要。所以父母要引导孩子多用积极的心态看待问题，从而减少孩子不良情绪的产生。

自动思维带来的情绪

孩子在发脾气时，并不是事情本身让孩子不开心，而是孩子的看法或是想法使得孩子不开心。著名心理学家艾利斯创建的情绪ABC理论可以很好地解释清楚孩子发脾气的原因。A表示诱发性事件——孩子和弟弟抢玩具，妈妈批评了他；B表示个体针对此诱发性事件产生的一些信念，即对这件事的一些看法、解释——孩子认为是弟弟先抢他的玩具，还把玩具弄坏了，妈妈却还要骂他，他认为妈妈只爱弟弟不爱他；C表示自己产生的情绪和行为的结果——孩子开始发脾气，哭闹，摔东西。父母基本上只能看见孩子的A、C，而看不见孩子的B，会认为孩子犯错就该被批评，被批评了就该乖乖接受，而不是乱发脾气。孩子往往也很难觉察到自己的B，因为当被父母责骂，孩子感受到委屈、愤怒时，就会快速产生自动思维。自动思维是指由特定刺激后自然触发的，在大脑中自动产生的想法、画面、联想、回忆等，它往往跟情绪、事件相伴一起，密不可分，导致不良反应的个人信念或想法。它常常难以被觉察到，在大脑中一闪而过，会引发个体生理和行为反应。又比如父母在家辅导孩子写作业，孩子在做作业中遇到了难题，就会有紧张、自责等情绪出来。这时孩子的大脑中可能会快速闪过一个念头：题目太难了，我做不出来，那我就是一个差生。但父母只能看到孩子不会做题，可能察觉不到孩子的自动思维。父母开始可能还会耐心辅导孩子，发现怎么讲孩子都不会做，父母的情绪也会失控，开始对着孩子吼叫，孩子会就变得更加紧张、害怕，同时还可能会出现心慌、发热、手心出汗、握笔不稳，有的孩子就有可能开始发脾气，大喊大叫："我不会做，太难了！"或是乱摔笔和作业本，有的孩子还有可能把作业本撕烂，愤怒地离开书房去客厅里发脾气。孩子的自动思维有时是准确的，但形成的结论可能是歪曲的。"题目太难了，我做不出"是一个适当的思维，但结论"那我就是一个差生"却并不适当，产生了偏差。正是自动思维产生了偏差，触发了孩子"我无能"的核心信念，孩子的情绪和行为才会失控。

如果父母了解孩子的认知发展水平及情绪背后的自动思维模式，在面对孩子乱发脾气时就知道去有效地面对，向孩子表达出自己对孩子的爱，肯定孩子的能力和价值，安慰孩子的情绪。孩子只有在平静、愉悦的情绪中，才能集中精力学习和思考，激发出创造力。

二、孩子情绪的意义

孩子产生的每一种情绪都有其意义和价值。情绪是孩子生命中不可分割的重要部分，只要孩子的生命存在，孩子的情绪就存在；孩子能在适当的时候表达自己的情绪，他就是一个正常的人，生命就是完整的。孩子所有的情绪都是绝对诚实可靠的，积极的情绪能够让孩子感受到生活的美好，消极的情绪也能够起到保护孩子的作用，比如恐惧可以帮助孩子远离威胁和伤害。孩子表达的每一种情绪都是内在心理的需要，父母如果能看见和听见，就可以帮助孩子很好地感受到正确表达情绪的重要性，接纳一切情绪与自我同在。

看见孩子情绪表达背后的心理需要

认知中的情绪

孩子平常表现出来的喜、怒、哀、惧等各种情绪中，都包含着未曾说出的种种心理需要。他们比起成年人，心智和语言还未完全发育成熟，还不能真正意识到自己的内心需求，潜意识就会把这些心理需要通过各种情绪中表达出来。孩子有时在用情绪进行自我身份认同，在心理学家埃里克森提出的"心理社会八阶段"理论中，这甚至是青春期最为重要的课题。自我身份认同，是一个人认识自己并且接纳自己的程度，包括明确自己是谁、自己的价值和自己要选择的未来生活方向，对一个人的存在、发展和生存有着极其重要的作用。

每个人的人生历程中都有过崇拜的人，父母总希望孩子能以大家公认的名人、伟人为崇拜对象，这也是"望子成龙、望女成凤"的情绪投射。青春期的孩子们都热衷于追星，还总是喜欢那些父母们看着很刺眼的、有个性的叛逆型偶像。很多家长为之烦恼，甚至因此爆发家庭战争。其实我们更应该透过这种情绪表达去看到孩子们内心寻求自我身份认同的心理需要。在追星的孩子们眼里，他们喜欢的偶像都是有影响力又有成就的人。他们关注偶像的点滴经历，研究他为什么可以这么厉害，他是怎么做到的。他们觉得自己可以模仿，能够以偶像的行为结果为导向去做事，这样就觉得自己越来越接近自己的偶像，甚至自己也可以像他一样光芒四射。如果父母一味打压，以简单粗暴的方式去阻止孩子"追星"，其实是在否定孩子的梦想与追求，是在忽视孩子对自我身份认同的寻求与探索。

除了崇拜偶像这种直接的情绪表达背后隐藏有寻求个人的自我身份认同的需要，其他像渴望去名校就读、积极主动地参与各项活动比赛等，背后都有孩子对自我身份认同的探索与追求。大多数父母总是说，"你要好好学习，考上一所好大学，找到一份好工作，你要有出息"，这会成为孩子自己的自我身份认同吗？不一定。我们要积极保护孩子们主动的情绪表达，从孩子们的言行中真正理解他们对自我身份认同的探寻，真正让孩子们愿意向家长表达，乐于倾听家长们的意见，成为真正的他自己。

试探父母对自己的爱

孩子的情绪表达除了寻求自我身份认同之外，更多的是在试探父母对自己的爱，因为孩子们对自我身份的认识与肯定，更多来自他感受到的父母对自己的认同与肯定。当他还愿意在父母面前表露情绪的时候，就是通过自己的情绪表达来查探父母对自己的态度；如果他不愿意再与父母交流，在父母面前没有任何情绪表露的时候，就意味着他对父母已完全失望，不再期待父母的回应了。所以，父母要及时了解孩子情绪表达背后的心理需求，及时做出回应，让孩子感受到父母对他的关爱与在意，这会让孩子获得更多的安全感，也会让他能够更加自信地面对困难与挫折。

心理学上有个概念，叫"依恋模式"，指的是一个人在早期成长中和父母的互动模式会影响其日后性格的形成和面对亲密关系的态度。如果孩子从小在情绪表达时能够接收到父母的爱，便会形成"安全型的依恋模式"；可如果孩子从小开始，任何情绪表达的需求都被父母忽视，感受不到关爱，长大后便会形成"多虑型的依恋模式"。美国心理学家特罗尼克曾做过一个震惊全球的"静止脸实验"，这个实验就非常直观地诠释了这一理论。在实验中，一个小婴儿在和妈妈玩耍。第一阶段，婴儿发出的任何声音，妈妈都给予回应；婴儿四处张望，妈妈也跟着她的目光到处看；婴儿手舞足蹈，妈妈也会握握她的小手、捏捏她的小脚。这个时候的小婴儿表现得很开心，母女之间其乐融融。第二阶段，不管婴儿做出什么样的动作表情、发出什么样的声音，妈妈都要面无表情地愣在原地，坚持3分钟。在这3分钟里，心理学家很明显地看到了婴儿的变化。她先是努力冲妈妈笑，妈妈不理；接着又用尖叫、拍手来引起妈妈的注意，妈妈还是毫无表情；最终，婴儿崩溃了，号啕大哭。实验通过仪器检测的数据分析证明，在妈妈静止的3分钟里，婴儿的负面情绪升高、心跳加速、压力增大。那么试想一下，如果孩子长期处于这种情绪表达无回应的环境中，会对孩子的成长造成多么恐怖的影响。

曾看到过一些事例——有一些在学校住校的孩子突然会在某个时候给父母打电话，说："妈妈，我想家。""爸爸，我难受，我不想待在这里了。""我不想读书了。"这时候，有的父母会觉得这孩子真是作，没事找事。这样想的家长，脾气好的会给孩子讲道理，劝孩子留在学校，劝他好好学习别多想；脾气不好的可能就会是一通批评，然后置之不理，还觉得自己是在培养孩子的独立自主意识。很少有父母能在第一时间放下手里的工作，告诉孩子："别怕，我现在就去接你。""别急，我马上赶过去。"其实，父母这简单的一句话，虽然不能马上解决孩子心理上的问题，但会给孩子足够的安全感，让他们确认：如果自己受了委屈、遇到了困难，是可以寻求到爱的守护的。

孩子通过各种情绪表达试探父母爱的程度，更多地表现在二胎或者多胎家庭中。父母对年幼孩子的关注会让大孩子觉得自己被忽略了，会觉得父母的爱被分走了，于是各种闹别扭，甚至是愤怒的表达，都是在传达他对父母爱的试探。有一个小男孩在幼儿园各种闹腾，不是违反纪律，就是说自己不舒服，其目的就是希望看到父母因为自己一趟又一趟地被老师叫过来，处理这些事宜。只有让父母离开家里的小妹妹，来围着自己打转转，他才能感受到自己在被父母关注着，哪怕是被责骂。父母一定要善于觉察孩子情绪表达背后对爱的渴求，一定要用适合的方式把对孩子的爱清晰地反映给孩子，真正让孩子感受到父母无条件的爱。

向他人发出求助信号

情绪表达是孩子的内在感受的呈现，当他们不愿意做某件事时就会表现得不开心，畏惧某个人或者环境时会表现出回避等。其实，孩子总是会用情绪来表达他内心的感受，尤其是当他们出现较明显的情绪反常时，往往就是在向外界传递着求助的信息。

曾经看到过这样一个例子，有一个妈妈因为想看看自己宝宝眼中的世界是什么样的，就在自己的宝宝身上安放了一个摄像头。结果当宝宝大哭大闹发脾气，特别不可理喻的时候，她通过视频才发现，原来在他哭之前，他已经无数次地向妈妈发出求助信息，已经很多次咿咿呀呀喊大人帮忙，但没有得到回应。最后真是一点办法都没有了，只能大哭大闹，但还是只换来了一句："你怎么啦？怎么又哭了？"不是他脾气差，不是他动不动就哭就闹就大喊大叫，而是他已经用自己的方式努力了很久，但爸爸妈妈却没有理解。

不会说话的小宝宝的世界，原来这么艰难。那么长大了的孩子是不是就会表达自己的需求了呢？其实也不尽然。困惑、畏惧、羞耻等各种情绪都会影响孩子直接表达自己内心的实际需求，甚至有时候他们自己都不一定明白自己到底需要什么。但是，下意识的情绪流露会把他们的内心真实地反映出来，这就是在向他人发出求助信号。这时候，就需要父母能及时地感知这些信号，并给予孩子相应的帮助。父母面对孩子突如其来的发脾气，在生气之前，一定要先想一想，孩子遭遇了什么让他如此愤怒；父母看到孩子突然沉默、拒绝交流，在着急的同时，也一定要先去了解他在回避什么、恐惧什么……小到一个心爱的玩具被抢走，大到遭遇校园霸凌，这都是孩子所不能承受的痛苦。如果父母在面对孩子的情绪时能及时反应，相信会有更多的孩子得到他们所希望的帮助与支持，他们的世界也将变得更加美好！

💡 孩子用情绪表达保护身体的健康

自我保护不靠近危险

情绪表达不仅仅是各种心理需要的信号，同时也是孩子们用以保护自我身心健康的一种途径与方式。传统的文化思想使父母认为情绪化是一种不成熟的表现，因而很多父母在教育孩子时经常会要求孩子学会"沉稳"，不能轻易地把情绪外放出来。同时，很多人也错误地认为情绪有好坏之分，让人身心愉悦的情绪就是好的，而让人悲伤难过的情绪就是坏的，父母也一直在教育孩子们要时刻保持积极乐观向上的状态。其实这些都有意无意地压抑了孩子们的一些正常的情绪反应，使得他们以为自己不应该有这些不恰当的情绪。而长期压抑情绪的结果，往往会增大身心压力，严重损害孩子的身心健康。其实每种情绪都在传递一种信息，孩子透过情绪，理解自己内心的真实需求，会更好地帮助自己趋利避害，比如快乐让孩子靠近有益身心的人和事，害怕提醒孩子拒绝或逃离可能造成伤害的体验。所以，孩子的真情流露其实是对自己身心健康的有效保护。一位母亲曾乐呵呵地说过一个故事：她家孩子两岁多时，总是对高压锅上气后锅盖上"哧哧"作响、转动不停的小圆重锤表现出浓厚的兴趣。为了避免她在无人看管的情况下偷偷去碰而发生危险，这位母亲居然亲自抱着孩子让她伸手去摸。当然，结果就是被烫到了。小朋友一边涂药，一边哭得惊天动地，下次再看到这个东西就躲得远远的，再不敢伸手去碰了。其实这就是让孩子体验到伤害、感受到危险后产生的恐惧情绪，使她害怕这个东西，从而不再靠近。从这个事例当中我们会明白，害怕并不是一种"负面情绪"，而是一种自我保护机制。当孩子表现出害怕、回避的情绪时，我们一定就要明白他有可能遭遇到了曾经经历过的伤害和威胁。在孩子自己无法解决危险和困难的时候，这种情绪表达也能让我们父母察觉而施以援手。

比如让父母们深恶痛绝的"校园霸凌"，是孩子成长路上最令人谈虎色变的伤害。当孩子遭遇到"校园霸凌"时，最直接的反应可能不是向父母求助，而是因害怕而逃避，不想去学校。如果发现孩子类似的情绪表现，或者变得沉默阴郁，那么家长就一定要警觉起来了，孩子的这些逃避情绪是对自我的保护，在下意识地远离危险。但要真正解决问题，还是需要帮助他们进行情绪的转变。虽然说情绪无好坏之分，但长期的恐惧和压抑会影响生理健康的平衡，对身体造成伤害。所以，要让孩子知道，受到欺负一定要勇敢说出来；要让孩子明白，不管发生什么事情，爸爸妈妈永远是站在他们那一边的；要培养孩子的勇气和信心，让他们变得更加阳光、积极；还要帮助孩子培养良好的性格，建立良好的社交圈。当孩子的情绪表现得越来越积极阳光，当孩子的气场越来越勇敢强大，当孩子真正不再害怕的时候，危险因素自然也不敢找上门来。

其实，孩子们在人际交往中有自己的感受和判断，他们的情绪表达往往在最初就会给予自己主动的保护。比如孩子特别喜欢某位老师或者同伴，必然是在这位老师或者同伴身上感受到了关爱与友好，使他非常开心，心生向往，自然会靠近；反之，若是特别讨厌某个人，一定是这个人让他感受到了威胁或者伤害，厌恶之感就会使他自觉远离。所以我们应当尊重孩子自身的感受，而不是从成年人的角度去判断他们应该亲近谁、应该远离谁，这样才会更好地让孩子保持愉快的心情、自信的心态，也就能够更好地保护自己了。

除了害怕和厌恶，愤怒和沮丧的情绪也有助于孩子们远离危险，保护自我。强烈的愤怒情绪可以直接表达孩子的诉求，唤醒成年人对此的关注与重视，内心需要被满足的可能性也极大增强。沮丧、灰心更容易激发他人的保护欲，让人更愿意施以援手，因而也更能保护自己。

当然，恰当的"负面"情绪表露出来有助于保护自己，但是过度就会产生伤害了。从生理性数据来看，保持积极乐观的情绪更有利于身心健康。

减少身体的破坏性行为

人的情绪得不到释放的时候，就会向内压抑，压抑的结果很有可能就会变为抑郁。很多孩子因此出现了伤害自己身体的破坏性行为，也就是我们经常说到的"自残"或者"自伤"。

自伤行为也叫"非自杀性自伤行为"，是指在没有自杀意图的情况下，直接、故意、反复伤害自己身体的一系列不被社会文化所认可的行为。通常来说，割伤皮肤是最常见的自伤形式之一。自伤可以发生在身体任何部位，最常见的是手、手腕、腹部和大腿，严重程度从表面创伤到永久性外表损伤不等。这是孩子遇到无法解决的问题时发出的信号。

孩子出现这种对身体的破坏性行为的原因有很多，最多见的一种就是因为抑郁、焦虑、愤怒等情绪过于强烈，就只能用肉体上的痛感来转移注意力，用以缓解精神痛苦。这也是一种由于心里极为痛苦，以及强烈的自恨，从而产生的自我惩罚行为。

孩子伤害自己的身体，还有一种比较常见的原因是为了吸引别人的注意力，得到别人的关注，尤其是自己的父母。这些孩子有可能在童年时被祖辈带大，缺乏父母足够的关注和爱，他们就通过伤害自己身体的方式来吸引父母的关心，甚至控制身边重要的人。这样的行为会让关心他的父母感到疲累、挫败。对于这样的孩子，一方面要给予足够的关爱，另一方面更要帮助他学会正确地表达情绪。如果他觉得被忽视了，可以通过语言表达或者神态动作等方式让父母知道，父母也一定要给予正确的回应，让他知道正常的情绪表达就可以达到他预期的效果，不必通过伤害自己身体的方式得到关注与爱。

总之，孩子伤害自己身体的破坏性行为，既有害于自己的身体健康，又会让父母难过、紧张。父母要允许孩子有正常的情绪表达的机会，更要为他们创造情绪表达的途径与通道。情绪表达畅通了，得到的回应与关注到位了，感受到的爱与温暖足够了，相信这种"自残""自伤"行为也就不会再发生了。

减少心因性疾病的产生

孩子的有些疾病，其实就是因为情绪导致人体器官功能紊乱而诱发的，被称为"心因性疾病"。这种疾病最大的特点就是孩子觉得很难受，医生却检查不出器质性病变。

我们经常可以碰到小朋友上幼儿园又哭又闹的情况，弄得家长和老师都手足无措。有的小孩子好不容易不哭了，却又出现肚子痛甚至发高热的现象。到了医院，大夫检查了半天，发现孩子身体指标都正常，查不出任何病因。奇怪的是，孩子第二天不去幼儿园，这些病症就没有了。经过了解、沟通，我们就会知道，这样的孩子往往就是因为不想离开熟悉的家庭环境，不适应幼儿园生活，过分焦虑而导致的。要缓解这种病症，就需要让孩子把这种对家人的不舍、对新环境的恐惧真实地表达出来，再予以正确的回应。告诉孩子：爸爸妈妈下班就会来接他，绝对不会丢下他不管的；幼儿园里的老师和同学都很可爱，你可以在那里结交新的朋友，不会孤独；幼儿园的课程活动丰富多彩，在集体中活动比在家里更有趣……这些都会让孩子逐渐接受幼儿园，在他们获得安全感的同时，恐惧和焦虑的情绪得到了释放，这些心因性的疾病症状自然就会消失不见了。

幼儿园的小朋友因不愿上学而拉肚子、发热，家长会直接带孩子去看医生。可对于小学生、中学生而言，有些家长发现，孩子经常反映在学校不舒服，比如头痛、腿痛、发热，可只要接回家，在家待一会儿就好了，家长觉得孩子在撒谎。其实不见得，孩子也不会轻易欺骗家长，他应该确实是有头痛、腿痛的症状。之所以在家待一会儿就能好，就是典型的因情绪引发的躯体化反应。这个时候一定要关注孩子，好好沟通，是不愿意面对同学，还是惧怕考试，也有可能是不能完成学校的学业任务，所以总想回家逃避。要先引导孩子把自己的内心情绪表达出来，让孩子感受到父母对他充分的信任，才能真正有效地帮助孩子舒缓内心的紧张压抑，帮助他以后能正常地表达内心的需求，从而避免此类心因性疾病的产生。

其他如荨麻疹、消化不良、支气管哮喘等疾病，甚至鼻炎、睡眠障碍、骨折等，都有可能是心理情绪引发的。孩子用语言表达情绪、描述痛苦的能力还不足够成熟，当他们经历重大的生活应激性事件时，哪怕只是与父母的分离、对自己外在形象的不满意、过于在意他人的评价等，往往都会用身体机能的变化来表达一些自己无法承受、无法表达的心理痛苦。孩子生病是一种手段，他们往往用这种方式来维护自己的利益，所以合理的情绪表达是能够减少孩子心因性疾病的产生的。

强烈的情绪是获得成长的动力

被看见后的喜悦

强烈的情绪是一把双刃剑，既有可能对自己造成伤害，也有可能让自己获得成长的动力。正是因为有各种情绪的存在，才让我们在与情绪共存的过程中不断地改变自我、探索自我、走向自我、成为自我。尤其是对孩子而言，情绪无论好坏，都会是他成长过程中的关键节点，而做父母的就是要抓住这些节点，了解孩子成长的特点，引领孩子把强烈的情绪攻击转变为成长的契机，从而使他们获得成长的力量，让"被看见"成为孩子的幸运。在社会中，人都不是独立存在的个体，总是与各个群体或者圈子相交往，人的社会属性注定自我的情绪总是与身边的人相关联。所以现代人喜欢发朋友圈，喜欢看被点赞的数量和回复，因为这个时候充盈于心的都是被看见后的喜悦。孩子更是如此，一张奖状、一份奖品，从金钱上来看也许微不足道，但带给小小内心的喜悦是溢于言表的。网上曾有一个视频，一个孩子学校期末的奖品是两条鱼，拎着两条鱼走回家的孩子得意地走出了"鼻孔朝天"的气势，大喊着"爸爸、妈妈，要加菜"的那种自豪感，更是让全家人都充满了被老师和学校肯定后的强烈的喜悦之情。这又何尝不是一种驱使他下学期继续努力、继续能够拎着奖品回家的强烈动力呢？

有一位老师分享过这样的一个故事：她在年级管理中让每个班轮流当值管理大课间操，以前由体育老师进行的管理工作都由这个班来担当。她指着课件中播放的一段视频说："你们看，这个班在全年级的前面跑得多么整齐，尤其是第一排穿着标兵背心的领头人，更是动作标准。看这个发号施令的孩子，他之前是连大声说话都没有过的，居然勇敢地在全年级一千多名同学面前大声地喊出了口令。他妈妈看到这个视频，都不敢相信这是自己的儿子……"这是一位睿智的老师，她给了孩子们能够被看见的机会，让每一个班级、每一个学生都感受到了被看见的喜悦。而这个机会也成了各个班级老师教育孩子们勇敢展现自我的契机，成为凝聚班级向心力和集体荣誉感的好平台。那个让自己的妈妈刮目相看的孩子，一定在这次被看见的过程中感受到了作为领导者的成就感。相信这份被看见的喜悦能够在很长一段时间内，成为他喜爱这个学校、积极努力向上的强烈动力。

正面的被看见固然是一种喜悦，其实另一种被看见也值得我们关注。在前文中提到过的二胎或多胎家庭中的大孩子，因为觉得父母对自己的关爱被弟弟妹妹分走了，而故意调皮捣蛋搞破坏来吸引父母的关注，这也是孩子内心一种求"被看见"的表现。哪怕他因此被父母责骂惩罚，也会在内心获得"被看见"了的喜悦，这种"喜悦"又会促使他"故伎重施"。这个时候的父母一定要觉察到孩子内心这种情绪的力量，要把这种力量引导到通过正当行为求关注的方向上来，而不能让它成为搞破坏的动力。父母要多多地看到大孩子对弟弟妹妹关心帮助的细节，多多看到大孩子在弟弟妹妹面前做榜样示范的细节，明确地指出来，大力地点赞表扬，让他们更多地在这些好的方面感受到自己被看见、被肯定，那么这份喜悦就能更多地激励他去关爱弟弟妹妹，更多地承担起哥哥姐姐的责任来。被父母看见的喜悦有着对孩子巨大的激励作用，能帮助孩子感受到放下情绪、接纳自我的内心喜悦。

一切都源于爱

强烈的情绪能够对孩子的成长产生巨大的动力，力量的源泉是爱！父母的爱、他人的爱、自己的爱，构成了孩子成长路上的坚实屏障，守护着孩子成长之路的方向。

英国家喻户晓的国宝级儿童文学作家——朱迪斯·克尔，在专为儿子倾情创作的"家有宠物小猫莫格"丛书中塑造了一只傻傻的贪玩猫莫格的形象。它是宠物，是朋友，更是家人，是一个刚刚开始学习如何与周围世界相处的孩子的缩影。她贪玩、爱闯祸、敏感、胆小害怕、任性，但又天真、勇敢、聪敏，对世界充满了好奇。她"蠢萌"又不完美，会生气，会犯错，挑食、怕看医生、怕黑、怕陌生环境……这些几乎是每个孩子成长中都会遇到的问题。故事中托马斯一家尤其是小女孩黛比给了莫格足够的爱，让莫格克服了这些成长道路上的问题。宠物往往是孩子最早的朋友，照顾一只小动物会让孩子很快得到成长。孩子从小跟动物相处，会付出爱和得到爱，会更多地为别人着想，懂得分享是一种跟生命的交流，也会让他们知道世界上所有的生命都很重要、都应该被重视。从莫格和黛比的生活中，我们应该能够看到现实生活中的孩子也是一样的，他们种种强烈情绪表达的背后，是在告诉我们，他们在成长中会遇到各种各样的问题，他们需要感受到父母亲人对他们的包容与关爱，他们的成长需要一个充满爱和自由的环境。自由自在地生活在充满爱的家里，会让孩子变得有爱心，懂得照顾人，爱是孩子战胜种种问题的法宝。以爱育爱，让爱成为孩子心灵成长的源泉。

父母总认为自己最爱孩子，可其实孩子更爱父母，孩子对父母的爱更纯粹、更浓厚。曾经有一个综艺节目设计了一个调查环节，让父母和孩子相互打分评价。几乎没有一个父母给自己的孩子打满分，在他们眼里，孩子总是存在这样那样的问题。可当展示孩子们的评价结果时，几乎所有的孩子都给父母打了满分，评价里满满的都是对父母的赞美之词。大部分父母泪洒当场，为自己感到愧疚。孩子们能够从父母的爱中汲取力量，更多的是因为他们心中更爱父母。所以父母面对发脾气的孩子、面对孩子表达出来的强烈情绪时，要更多地接收到他们传递出来的对父母的在意。只有父母的爱，才是安抚孩子愤怒情绪的最佳法宝。反过来又何尝不是呢？当父母自己伤心难过的时候，孩子们受到的震撼更大。他们会用自己的小手来抹去妈妈脸上的泪痕，他们会信誓旦旦地做出承诺，只为让爸爸妈妈不再生气。有一个孩子在自己的作文《一切都源于爱》中这样写道："我以前一直讨厌妈妈，讨厌她的唠叨……晚饭时妈妈还是和往常一样给我夹肉吃，可是她那滔滔不绝的'枪林弹雨'突然从饭桌上消失了，不知道为什么我突然想让妈妈的唠叨重新回到饭桌上。晚上睡觉时，我明明和往常一样倒在床上，可关灯之后却还是躲在被窝中失声痛哭起来……"老师评价他的"失声痛哭"是感受到妈妈藏在过激言语中平凡的爱，也有深深的自责，就像小作者的文题一样——一切都源于爱。孩子都能意识到这一点，我们父母能做的就是细心呵护、慢慢等待。

肯定的力量很强大

如果要问孩子们最开心的事情是什么，答案会有很多，但是有一个答案会是很多孩子的共同选择，那就是被表扬。父母一句肯定的话语，可以让孩子开心很久。而这份喜悦的情绪，必然会给孩子的成长带来力量。难怪在各种教育理论中，最受欢迎的就是"正面教育"了。有人说："肯定就像你在一个人身上装上了隐形的翅膀，给予了翱翔天下的能力。"的确是如此，肯定的力量很强大。

孩子在生活中最不喜欢父母拿"别人家的孩子"来与自己做对比，因为被肯定的总是别人，然而孩子总是渴望着被肯定的人是自己。《正面管教》创始人德雷克斯说过这样一句话："一个行为不当的孩子，是一个没有受到肯定的孩子，受到肯定越多的孩子，行为和性格都会越来越好。"香港有一个神童叫叶礽僖，她9岁夺得全球新兴企业家挑战赛的冠军和最佳商业奖；12岁创业，开发出一款儿童语言学习软件，在全球20多个国家推广，共吸引了几万名青少年积极使用；13岁那年正式出任科技公司的首席执行官，这是世界历史上最年轻的CEO。她为什么能取得这样的成功呢？因为她的父母是她最有力的支持者。从鼓励她学习语言，到肯定她的创意，再到支持她做软件开发，最终支持她创业，她的父母始终在肯定着她，让这个当年在学校被孤立嘲笑而变得消沉自卑的孩子最终成为一个在媒体采访时谈吐大方、神态自若的天才少年。叶礽僖的成功有偶然性，也许不可复制，但毋庸置疑的是，正是有许多像她父母一样看好她、肯定她的人的支持和帮助，她才能有这样令人瞩目的成就。她的经历更是在告诉更多的父母，要善于发现孩子的闪光点，要乐于肯定孩子的奇思妙想，让他们的内心丰盈着积极向上的情绪，说不定下一个天才就是自家的孩子。

父母对孩子肯定的力量如此强大，就像照亮孩子生命的一束光，帮助孩子追光而行，在人生舞台上自信地绽放自我。

情绪表达后得到了选择

孩子们的情绪各种各样，也很容易爆发。两个刚刚还玩得好好的小朋友，转眼间就有可能打起来，反目成仇。而父母还在头疼该如何处理孩子们的矛盾冲突时，他们很可能早已握手言和，手拉着手玩到一起了。所以，善于表达情绪的孩子往往更容易交到朋友，也更容易与他人形成良好的人际关系；而不善于表达情绪的孩子，总是闷声不语，把想法压在自己心里，反而更不利于与他人相处。父母要让孩子明白，有了强烈的情绪，一定要合理地表达出来，才会让别人知道，从而得到回应，得到自己想要得到的结果。

比如有客人来家里，如果有同龄的小伙伴，父母总是会安排一起玩耍。玩耍中，如果孩子自己最喜欢的玩具被小朋友看中了，也想要的时候，父母总是会希望自己的孩子能大度地让出来。这个时候，孩子的情绪该如何表达呢？不同的表达又会有什么样不同的结果呢？最常见的情绪表达可能就是生气了，大哭大闹，觉得父母不公平，舍不得自己最喜欢的玩具，所以强烈对抗父母的要求，那么结果必然会是大家都不开心，有可能不欢而散。也有可能父母因为不好意思而强制赠送，结果都不开心。也有的孩子可能会忍气吞声，明明不开心，也只能顺从父母的要求，把心爱的玩具拱手相让。虽然客人开心了，可自己却很受伤害，闷在心里，对父母也会产生心结，会生他们的闷气。这可不是什么好的结果。而第三种情况是明确地向父母表达自己的想法："这是我

最喜欢的玩具，我不想送给他。"如果孩子能够心平气和地表达情绪，相信客人也会理解，而父母更应该尊重孩子，做出分享玩具的建议，而不是强制赠送。所以，不同的情绪表达会得到不同的选择结果，父母要帮助孩子做出最合理的情绪表达，从而使他们能得到最合心意的选择结果。

在父母和孩子的情绪交流过程中，要多用"我字句"，让孩子学会多从"我"的角度表达自己的感知和情绪。孩子只有把自己的感知和情绪表达清楚了，才更容易打动别人，让别人接受自己的感受和意见，从而做出最合理的选择，有效减少矛盾和冲突。

三、孩子情绪的种类

　　孩子的基本情绪可分为喜、怒、哀、惧四种，生活中有很多情境会引发孩子的情绪反应，孩子的情绪一般都诚实地写在脸上。当孩子的愿望和要求得到满足时就会开心地笑，产生愉悦的情绪；当孩子觉得被伤害时就会哭，很容易引发悲伤和愤怒的情绪；当孩子对未知的情况无法掌握时，就会产生害怕的情绪。

　　孩子除了四种基本情绪外，还会衍生出一些复杂的情绪，心理学家罗伯特·普鲁蒂克认为人有八种最基本的情绪元素——愤怒、害怕、悲伤、厌恶、惊讶、信任、兴趣和幸福。同时，他的"情绪论"指出，所有基本情绪都是一种相互作用、相互生发的关系。情绪有不同的强度，甚至情绪可以与他人情绪之间互相影响而产生不同的情绪，建立新的情绪状态，情绪之间可以清晰、轻松地转变。孩子产生的情绪没有好坏之分，对孩子的行为起到促进和增力作用的情绪就是积极情绪；而对孩子行为具有削弱和减力作用的情绪就是消极情绪。父母看到的孩子情绪往往是表层情绪，在表层情绪之下还具有孩子自己也很难察觉的深层情绪，深层情绪直接影响到孩子的认知和行为。

积极情绪

积极情绪的类型

积极情绪也叫正性情绪，就是孩子在目标实现过程中取得进步，需要得到满足或得到他人积极评价时所产生的愉悦感受。有的孩子积极情绪感受性高，他在生活和学习中产生的乐趣就会更多，乐趣又进一步提高孩子的积极情绪感受，促进孩子积极心理品质的形成。美国心理学家芭芭拉·弗瑞德列出了喜悦、感激、宁静、兴趣、希望、自豪、逗趣、激励、敬佩、爱等10种积极情绪。积极心理学之父塞利格曼把积极情绪分为与过去有关的幸福、与现在有关的幸福和与将来有关的幸福：与过去有关的积极情绪有骄傲、满足、安详、充实等；与将来有关的积极情绪有希望、乐观、自信、信仰、信任；与现在有关的积极情绪可分为短时的快感和长久的欣慰。比如父母带着孩子去吃美食，美食的香味和口感都能让孩子产生积极情绪；或是父母带孩子去做公益，帮助有需要的人，孩子也会在当下产生积极情绪。

积极情绪的价值

积极情绪更能促使孩子产生采取行动的想法，激发孩子更广泛的思想和行为的意识。例如喜悦，它会激发出孩子探索和发挥创造性的冲动；而宁静能激发出孩子品味当前情境、把自己融入周围世界的冲动。积极情绪使孩子能够发现和构建新的技能、新的关系、新的知识和新的生存方式。设想孩子对一个新朋友、新地方或新东西产生极大兴趣，他会感受到强烈的吸引力，他的心理定向是开放而好奇的，它引导着孩子去探索。科学家已经证明，由于积极和开放的心理定向引发人进行探索和学习，它们实际上也是制造出人关于世界的更精确的心理地图。这意味着，当孩子感觉乐观向上和兴致勃勃时，他会感知到更多信息，并按照他的好奇心行事。积极情绪引导孩子去探索，以意想不到的方式让孩子与世界混为一体。孩子每做一件事，就会学到一些东西。这些知识上的收获可能在现在还没有显露出来，但它们在将来一定会有用。这么说来，积极情绪让孩子生活得更美好！

消极情绪

消极情绪的类型

消极情绪也叫负性情绪，是指孩子在某种具体行为中，由外因或内因影响而产生的不利于他继续完成学习任务或者正常思考的情感。消极情绪包括忧愁、悲伤、愤怒、紧张、焦虑、痛苦、恐惧、憎恨等。可以说，消极情绪是心情低落及其他不愉快感受的主观体验。孩子在生活和学习中，消极情绪的产生不仅会造成孩子情绪低落，还会严重影响孩子的学习和人际交往等。其中典型的三种消极情绪分别是忧伤、愤怒和害怕。忧伤能够促使孩子思索，但忧伤是一种痛苦感受，对孩子的心理和生理都会有所损害，不能长时间沉浸其中。孩子愤怒是随着对自身所讨厌的情景而造成的，愤怒有其正面的功效，如孩子一气之下可能就克服了之前不可以摆脱的难点。但长期性的愤怒会对孩子的身体和心理造成影响，让孩子失去理智，情绪失控。孩子在生活中很容易出现害怕的情绪，作业没做完害怕老师批评；路上遇见小狗害怕被狗咬；和同学闹矛盾害怕失去朋友；父母吵架了害怕失去父母……害怕是一种极度焦虑不安的情绪状态，会出现心跳加速、流汗、呼吸困难、战栗等身体反应。但是害怕也能够提升孩子身体的防范意识工作能力和警醒工作能力。其实消极情绪并不一定都会影响心理健康，只是消极情绪长期性不合理出现时，才会影响孩子正常的心理平衡。

消极情绪的价值

孩子情绪的产生都具有一定的意义和价值，消极情绪也不例外。很多父母在面对孩子的消极情绪时都无法淡定，只要孩子一出现消极情绪，父母就想要控制住，不让孩子哭，不让孩子生气等，内心深处就不想看见孩子有消极情绪。其实，消极情绪能让孩子更好地和别人沟通交流。消极情绪产生的时候，孩子正在经历一些他可能不喜欢不舒服的事情，这时候因为消极情绪的产生，孩子的面部表情、肢体语言等都会或多或少地表达出他的情绪活动，大部分人都能从这些面部表情、肢体语言等表现看出孩子的消极情绪，这便有利于孩子和别人交流沟通。

消极情绪能提供大量的能量。愤怒是消极情绪里的一个特别的代表，它的出现会让孩子心跳加快，整个人充满力量，精神状态变得更加敏锐。在这样的状态下，孩子的力量得以提高，如果在这个时候孩子与别人发生了争斗，那他在争斗中获胜的可能性更高。

消极情绪还能为孩子增加勇气。如果孩子是一个比较胆小、内向的人，当他想要参加班干部竞选时缺乏勇气，这个时候如果父母鼓励他一下，他就会战胜消极情绪，有勇气参与和表达在竞选中胜出。

💡 复合情绪

见不得别人好的嫉妒

嫉妒这种情绪几乎是孩子与生俱来的。嫉妒情绪不分男女，随着年龄的增长，这种情绪的出现会变得更加频繁。孩子的嫉妒，是对小伙伴中在智能、名誉、地位、成就及其他条件比自己强的孩子怀有的一种不安或怨恨的情感。造成孩子嫉妒的原因以及表现形式多种多样，例如，不许父母亲近或爱别的孩子；别的孩子取得了成功，学习上有了进步，或受到教师的表扬时，认为自己不比他差，不服气，对别的孩子中伤、讽刺、排斥等；别的孩子比自己穿得好，或玩具多，或朋友多，就打击、嘲弄、疏远，甚至怨恨。孩子在嫉妒时，他们不会像成人那样进行掩饰，而是会直接表现出自己的不高兴，并不考虑场合及后果。孩子之所以会产生嫉妒的情绪，是因为想独占父母的爱，希望自己在父母的眼中是最好的，只有自己能够享有父母的爱。所以当他发觉有人想分享这份爱的时候，就会用情绪和行动来捍卫自己的权利。但如果任由孩子的嫉妒心理发展的话，会使孩子形成心胸狭窄、人格扭曲的性格，看不得别人成功和比自己过得好，不但自己会长期处于不良的心理状态中，也会很难与人和谐相处。孩子的思想是很单纯的，他们的嫉妒所反映出来的不是道德败坏、品行低下，而是一种本能，害怕失去父母对他们的爱，因此不要大惊小怪，也不要责骂，而是想要办法正确引导。

为爱而出的敌意

有的父母会认为孩子天生自私和具有破坏性而无法接纳，事实上，正常的孩子都具有原始的敌意，具有破坏性和自私的。当孩子感到不安全的时候，他就会更多地表现出自私、仇恨、攻击性和破坏性等。在那些基本上得到父母的爱和尊重的儿童身上，破坏性则要少一些。这就告诉父母，孩子的敌意都是反应性、手段性或防御性的，而不是本能的。当一个家庭拥有了多个孩子，同胞竞争难免会产生敌意，特别是年幼的孩子对他刚出生的弟弟或者妹妹会做出一些危险的进攻行为。有时他的敌意还表现得十分天真和直率。孩子会觉得母亲不能够同时爱两个小孩子，弟弟或者妹妹会夺走母亲对自己的爱。所以，父母要帮助这个幼小的孩子减少对刚出生的弟弟或者妹妹的敌意，最好的方式就是父母告诉孩子，爸爸妈妈还像原来一样爱着他，现在只是弟弟或者妹妹太小，生活还需要父母照顾，然后抽时间多陪伴他，给他讲故事，带他玩游戏，多拥抱他，陪他睡觉等，这样可以有效帮助孩子相信父母确实是爱自己的，父母也是爱弟弟或者妹妹的。孩子感受到了父母的爱后，也就学会了爱，就可以去爱弟弟或者妹妹了。

无能为力的羞耻

羞耻感是孩子对自己的行为不符合社会道德要求而产生的一种消极体验，通常表现为内心的不安、难过、自责、愤怒、悔改等。但同时羞耻感又是孩子上进的内在动力，是一种以自尊心为基础的道德情感，也是一个人行为品德的内在因素。孩子有了羞耻感，才会产生对错误事物的抵抗能力，才能矫正和预防不良的行为习惯。孩子的羞耻感发展有三个阶段。3岁之前是第一阶段，孩子的自我意识开始发展，能够把自己和外界区分开来了，对外界的一切充满了浓厚的兴趣，但是往往缺乏是非观念、责任意识和自我控制的能力，对自己所犯的错误认识不足，对他人的评价和态度也满不在乎。3~4岁是第二阶段，这是孩子羞耻感发展的早期阶段，随着自我意识的发展，他开始关注别人对他的评价，特别是亲近的人对他的评价和态度。一旦孩子意识到自己的行为让别人不高兴了，就会感到难过、不好意思，这就是孩子最初体验到的羞耻感。然而这种羞耻感的产生主要依赖于他人的态度，而不是孩子真正意识到是自己的行为导致的不良结果。5~6岁是第三阶段，孩子对社会规范有了一定的认识，逐渐有了自己的评判标准，一旦自己的行为不符合社会标准，就会产生自责、难过的消极情绪，这时孩子的羞耻感得到进一步发展。羞耻感能激发孩子不断认识自己、不断完善自己，并学会按照一定的道德准则来调节、控制自己的行为。要使孩子具有健康的羞耻心，必须提高孩子的自我评价能力，使孩子形成正确的是非观念，产生荣辱感，从而防止因羞耻心而引起的一些负面效应。

四、情绪对孩子身体的影响

生理疾病和情绪的关系

人的一生中难免生病，但所生的病并不仅仅是生理疾病，很多病其实往往是由人的情绪导致的。《黄帝内经》中指出："怒伤肝，喜伤心，忧伤肺，思伤脾，恐伤肾，百病皆生于气。"据了解，目前与情绪有关的病已达到200多种，70%以上的人会遭受到情绪对身体器官等组织的"攻击"。情绪影响着人的身体健康，身体健康程度又会引发情绪，二者互为因果。6~12岁的孩子尤其如此，因为他们的身体和心智都还在成长期，思维正在转型，情感丰富但缺乏稳定性，人际交往能力较弱，如果孩子对人、事、物等理解不到位，沟通不到位，极容易引发孩子的负面情绪，而这些情绪往往会被父母和孩子忽视和否认，长期下来就会积压在身体里，引发生理疾病。

不起眼的"官能性疾病"

父母在照看孩子的过程中，最为揪心的时刻就是当孩子生病了去看医生。这时的父母神情是焦急的，内心是关切的，生怕孩子出什么意外、有什么闪失。特别是孩子半夜三更发病看急诊，几乎就是"全家总动员",妈妈抱着发病的孩子焦急万分,爸爸火急火燎地挂号缴费,孩子是又抽血又拍片,忙乎好一阵后等结果出来再去看医生,结果医生一看结果告诉父母,孩子检查指标都很正常,身体没有毛病。这时的父母往往就会一愣,然后开始疑惑不解:孩子怎么会没有病呢?明明在家里就是难受得不行了呀。如果父母能够了解一下官能性疾病,可能就会明白,孩子的情绪也可以导致孩子一些身体疾病的产生和加重。

官能性疾病就是情绪诱发病,是在生活中由消极情绪因素引发的心身疾病。国外一知名大学做过一项调查,发现来他们学校医院就诊过的病人中,有76%的人得过官能性疾病。康奈尔大学霍华德·利德尔教授曾经做过一个实验,证明不愉快的情绪重复出现会诱发官能性疾病。在一个牧场,给一只羊的一条腿上绑一根很轻的电线,一周后羊没有感觉,身体也正常。第二周给电线加轻微的电击,羊腿会轻轻抽筋,但是身体没有异常。接下来,教授在对羊进行同等强度的电击前10秒钟,先响一声铃,羊听到铃响就会停止进食,静静地等待快要到来的电击。如此对"铃响-电击"不断重复,这只羊一直处于等待铃响的恐惧中。慢慢地,这只羊不吃食了,也不去外面奔跑,变得无法站立、呼吸困难。后来教授停止了这种重复,这只羊又恢复正常了。作为父母,在教养孩子的过程中要知道,伴随着情绪的发生,人的生理机能,比如人体的肌肉、血管、内脏和内分泌都有不同程度的变化。当孩子犯错时,如果父母不是情绪平和地和孩子沟通,而是生气地谩骂指责孩子,愤怒的情绪就会刺激孩子的身体,身体就会做出适当的反应,肌肉收缩,心跳加快,血管扩张,肾上腺素等分泌增加,精神处于高度紧张中,内心产生恐惧、焦虑、沮丧、愤怒等消极情绪。孩子由于年纪小,不能很好地化解自己的情绪,这些消极的情绪往往会被压抑在心里，久而久之，就会引发官能性疾病。很多父母会发现，当父母不再过度担惊受怕，或是过度保护，或是过度就医，对孩子的学业降低了要求，对孩子的教养态度也发生了变化，经常陪伴孩子运动、游戏时，孩子的某些疾病就会好很多。

消极情绪的背后

情绪本身没有好坏之分，适当的消极情绪对孩子来说也是有益的。比如说考试要来临了，孩子在适当的紧张、焦虑下，高度集中注意力，大脑神经活跃度增加，思考能力提升，反应速度加快，记忆力增强，学习效率得到了提高。孩子适度的恐惧可以保护自己，对危险产生警觉，避免事故发生。孩子的悲伤一般是通过哭泣来表达的，适当的哭泣可以帮助孩子排出内心积压的情绪，学会宣泄情绪的方法，培养积极情绪。孩子适当的愤怒往往可以震慑住对方，让对方停止对他的伤害。

但是强烈、持久的消极心情会引发孩子身体的不适或疾病。古代阿拉伯学者阿维森纳做了一个情绪实验，把一胎所生的两只羊羔置于不同的外界环境中生活：一只小羊羔随羊群在草地快乐地生活；而在另一只羊羔旁拴了一只狼，它时刻面对着那只恶狼的威胁，在极度的惊恐状态下，它根本吃不下东西，不久就死去了。

孩子强烈的消极情绪背后都有着未被满足的需要。父母要面对的孩子最主要的消极情绪有三种，分别是愤怒、恐惧和抑郁。比如说一个六七岁的孩子想买电话手表，父母坚决不答应，孩子的需要没有得到满足，就开始生气，脸部皮肤发红，小拳头紧握，嗓子发紧，甚至声音都会颤抖地和父母争辩、理论。如果父母没有把持住，动手打了孩子，孩子内心还会产生恐惧的情绪，变得紧张不安、呼吸急促和心跳加快。如果孩子经过多次尝试，需要都没有得到满足，就会开始否定自己，觉得自己不够好，父母不爱自己，小伙伴们都有电话手表，只有自己没有，觉得很没有面子，自尊心受到打击，自信心得不到很好的构建，抑郁的情绪就慢慢形成了。消极情绪的本质往往是对挫败经历的记忆，会降低人的智力水平，引起人行动迟钝、精神疲惫或进取心丧失，严重时会使自我控制力和判断力下降、意识范围变窄及正常行为瓦解。因而，父母科学、适当地满足孩子的心理需要可以培养孩子的积极情绪。

孩子的情绪诱发病

　　大部分的父母在教养孩子的过程中都很难成为权威型父母，因为父母也是随着孩子一起成长的，父母也是人，不是神，也会有情绪。因而，父母在面对孩子出现的问题和犯下的错误无法接纳，长期采用简单、粗暴的解决方式教育孩子，并不认错时，孩子不良的情绪就会引发身体的疾病。6~12岁孩子最常见的情绪诱发病有皮肤病、呼吸道疾病、胃病等，有的治疗时间长达3~5年，甚至相伴终身。但是9~10岁是一个转折点，孩子的很多情绪诱发病在这个时候会有所好转，或是治愈。

红肿的甲沟炎

　　文文是一个小男孩，今年6岁，刚刚上小学一年级。新学期开始不到一个月，一天上语文课时，同学们都在认真地写着汉语拼音，可语文老师却发现文文呆呆地坐着一动不动，他把双手插在上衣口袋里，望着打开的语文书出神。语文老师觉得很好奇，觉得文文虽然平时上课不是很活跃，但是也不至于上课不写课堂作业。对于一年级新生，老师是很有耐心的，她走到文文的身边询问原因，文文低着头也不吱声。老师很困惑，请文文把小手拿出来，开始写作业，可是文文坚持不肯拿出双手，一直把手插在口袋里呆坐着。老师没有生气，仍然小声地询问着，还用手轻轻地抚摸着文文的头。

过了好一会儿，文文才抬起头，用紧张的眼神望着语文老师，小声地说："我手痛。"语文老师温柔地对文文说："手痛可以不写作业，那你能把小手拿出来给我看看是哪里痛吗？老师帮你吹吹。"当文文把右手拿出来给老师看时，老师惊呆了：文文右手的指甲差不多少了四分之三，没有指甲遮住的手指头红肿着，边沿变成了黑紫色，有的地方还开裂了，露出了血丝。老师请他把左手也拿出来看看，也是一样的。老师心痛地问："这是你自己咬的吗？"文文忍不住又把右手拇指放进了嘴巴，咬着指甲。"快别咬了，老师办公室有糖吃。"老师把文文带到了办公室，给了文文一根彩虹棒棒糖吃，文文吃了糖后，感觉身体放松了很多，没有那么紧张了。

下课后，老师给文文的妈妈打了电话，询问文文咬指甲的事情，想请她来学校商量一下怎么帮助文文不要再咬指甲。可文文妈妈在电话里说，她来不了学校，因为她一个人在家里带二宝，二宝才刚满月，文文爸爸在上班，请假不方便，也来不了学校。其实他们在文文新学期上学的第一天就发现文文咬指甲，也带文文去儿童医院看医生，做了微量元素检测，文文什么都不缺，很正常，他们在家里打也打了，骂也骂了，还给他的手指上涂了辣椒水，都没有用，他还是咬指甲，现在都成这个样子了，变成了甲沟炎，红肿得字都不能写，有时还出血，她也不知道怎么办了。老师建议文文妈妈带文文来学校心理咨询室找心理老师聊聊。

文文妈妈通过和心理老师的交流才明白，文文之所以控制不住咬指甲，是因为文文本身性格腼腆、敏感，面对陌生的环境、老师、同学和学习任务，他难以适应，内心充满着恐惧、焦虑，加上妈妈生二宝，关注点不在他身上，让他感受不到父母的爱，严重缺乏安全感，他只好通过咬手指来缓解内心的负面情绪，久而久之，就难以控制了。

心理老师还告诉文文妈妈不要着急，咬指甲是儿童期常见的一种不良习惯，也称咬指甲症或咬指甲癖，大多数都是由紧张、焦虑等负面情绪引发的，父母的情绪要平稳，不要急躁，更不能简单粗暴地去打骂孩子，打骂会加剧孩子的内心的恐惧和焦虑。就越咬指甲。要抽时间多陪伴孩子，和孩子一起玩游戏、做运动，给孩子讲故事，询问孩子在学校里发生的有趣的事情等，尝试着转移孩子的注意力，正向鼓励孩子，当孩子咬指甲时，就拥抱孩子、亲吻孩子，用正确的方法奖励孩子不咬指甲，内心坚定地相信孩子会停止咬指甲。

果真，在父母和老师的帮助下，文文在学校里越来越开心，逐渐适应了小学生活，不再咬指甲了，新指甲也慢慢地长出来了。

一上学就头痛

美美是一个文静的小女孩，今年11岁，跟爸爸妈妈、弟弟妹妹一家五口人生活在国外，每年的国外放暑假时间和国内不一样，妈妈都会在国外放暑假时，把美美一个人送到国内外婆家来，然后自己再回到国外照顾其他两个小孩。

妈妈为了让美美学好中文，每年美美回到国内外婆家时，就会请外婆给美美找离家最近的小学去寄读。一至四年级的时候，美美到寄读小学都很适应，也很开心，她乖巧懂事、乐于助人，学习也很认真，跟着同学们一起上课、玩游戏，老师们和同学们都很喜欢她，经常向她询问一些国外学习和生活的事，美美也很愿意和他们聊，尽管有时中文表达不是很流畅。每天放学后，外婆都会按时接美美回家，美美在路上和外婆也有聊不完的话题。

可是到了今年，美美放暑假跟着妈妈和弟弟妹妹一起回到了国内外婆家，这次妈妈和弟弟妹妹一起留了下来，弟弟跟着她到小学寄读，妹妹到小学附近的幼儿园里寄读，每天都是妈妈亲自接送他们。一个星期后，老师在校门口碰到了美美的妈妈，说美美上课无精打采，作业也不做完，上课有时望着窗外发呆，下课也不和同学们玩游戏，要么一个人坐在座位上，要么站在走廊外靠着墙看着同学们玩游戏，同学们喊她，她也不愿意参与。老师问美美是不是病了，要不要带美美去看医生。美美妈妈听了有点着急，对老师说："是的，她在家里状况也不太好，经常莫名其妙地说头痛，遇到一点小事就哭，早上起来就说头痛得厉害，不想去上学。我说你是姐姐，要为弟弟妹妹树立好的榜样，她就不再作声，背着书包跟我们一起出来。"

事后，妈妈带着美美去了市里最好的医院看病，做了全身检查，结果显示美美的身体没有出现任何问题。可是，美美在家里就是说头痛，无论妈妈怎么威逼利诱，美美就是不愿意去上学，在家里已经待了一个星期了。妈妈也不知道怎么办了，只好先给美美请病假不去上学。外婆很着急，找到学校的心理老师，咨询美美的情况。外婆告诉心理老师，昨天星期天，美美站在窗户边对她说，她好羡慕外面飞翔的小鸟，想从窗户跳下去，把外婆吓了一跳。外婆希望心理老师帮帮美美。

第二天上午九点，外婆带着美美来到了学校的心理咨询室，美美一个人和心理老师聊了很久。美美仍然很乖巧，静静地坐着，中文说得很流利，只是语速比较慢。她很信任心理老师，说出了自己心中的困惑：在国外，如果班上有一个学生学习成绩不好，遇到不会做的题目，学校就会派一名老师单独给这个学生辅导，直到他会做这些题目。但是在这里，没有专门的老师辅导她数学题目，她觉得数学题目太难了，不会做，又不敢问老师，担心老师会认为自己很笨。妈妈还老是说自己是姐姐，要有姐姐的样子，要为弟弟妹妹树立榜样，为什么姐姐就要树立榜样？我是我，弟弟妹妹是弟弟妹妹，我跟他们有什么关系？妈妈要我学好中文，逼着我来寄读，我不愿意，其实我的中文已经学得很好了，我偷偷写了十万多字的小说，但是妈妈不知道。现在，我只要一上学就头痛得厉害，还莫名地想哭，不上学在家里就没事。

心理老师感谢美美对自己的信任，事后跟美美的外婆交流，美美现在出现这样的头痛症状，跟抑郁情绪有关，同时跟美美进入青春期也有关系，步入青春期的小女生会变得多愁善感，自我意识增强，亲子关系不再重要，同伴关系变为生活学习中的重要关系了。家人需要尊重美美的选择——上学还是不上学，寄读对美美来说已经不是重要的了，她的中文水平已经很高了。然后抽时间多陪伴美美，和她谈论一些她感兴趣的话题，带她多到城市里走走看看，同时鼓励她继续坚持用中文写小说，相信她很快就会好的。

两个星期后，心理老师收到了美美妈妈临登机的感谢短信，说美美已经不再头痛，人也变得开心了。

肚子又痛了

星星是个小女孩，今年10岁了，上小学四年级，由于她脾气暴躁，同学们都不跟她玩。今天课间休息时，一个男生和星星发生了口角，男生骂她弟弟会出意外断手，她听后就很生气，追着这个男生打。突然，她感觉到肚子剧痛，赶紧停止追打男生，双手紧紧抱住肚子，痛苦地蹲了下去，男生也吓坏了，转过身来问她怎么啦。男生看星星难过的样子，就跑到老师办公室告诉班主任。班主任立即把星星带回了办公室，给她喝了一点热水，可是星星还是痛得很厉害。班主任就给星星的爸爸打电话，请他接星星去看病。结果星星爸爸很不耐烦地在电话里对班主任说："谢谢您呀，万老师！我现在没时间来学校，请不到假。她在家里也经常肚子痛，我们也带她去过医院看了，都去过好几次了，什么检查都做过了，检查结果都很正常。我们也没有办法呀，她如果真的痛得很，辛苦您给她妈妈打个电话，接她回家去。"班主任看星星真的很痛的样子，只好又给她妈妈打电话。结果妈妈接了电话后也是这样说的，自己没时间来，她过一会儿肚子就会不痛了。班主任只好扶星星坐好，给她一个暖宝宝贴在肚脐上，又给她喝了一点热水。

半个小时后，星星肚子不痛了，班主任才询问星星刚才发生的事情。星星说她姨妈的孩子因为意外断了一条腿，姨父在打工时不小心出意外摔伤了，外婆又得了胃癌，家里乱成了一团糟，如果弟弟真像他骂的那样断了手，她就会受不了这个打击。另外这个男生还打过她一个耳光，专门欺负她。同学们都不太理她，只有一个女生跟她是好朋友，可前几天她跟这个女生又闹矛盾了，她心中的苦闷找不到人诉说。在家里，她要照顾只有两个月大的弟弟，还要做家务，妈妈每天打麻将，爸爸要很晚才回家，她也没有时间跟爸爸说话。爸爸现在只说弟弟听话、弟弟好，她这也不好、那也不好。妈妈经常骂她、打她，有一次她帮弟弟洗澡，弄湿了弟弟的衣服，妈妈就骂她。妈妈还老是把她扎头发的橡皮筋拿走，有一次早上她起床没有扎头发，妈妈就抓住她的头发往墙上碰。每次她都会很生气，开始她还会哭泣，慢慢地，她都不会哭了，经常感觉自己就像在一个黑暗的大森林里行走，很害怕。在班上只要谁招惹了她，她就会很生气，就一定会骂回去或是打回去，但是只要一生气就会肚子痛。开始几次自己肚子痛的时候，爸爸妈妈还会带她去医院看病，次数多了，爸爸妈妈也不理她了。

星星放学后，班主任把星星送回了家。星星妈妈不好意思地接待了班主任，连声说："对不起，对不起，我们家星星给您添麻烦了。"班主任给星星妈妈说了星星的情况，希望星星的爸爸妈妈花点时间关心一下星星，她也是个小孩子，有的事情做得不好是正常的。班主任还告诉星星妈妈，像星星这种经常一生气肚子就会痛，去医院又找不到原因的情况，可以去看看心理医生，学校里也有心理老师可以帮助星星，只要星星妈妈同意。星星妈妈很开心，同意星星去找学校里的心理老师做心理咨询，还答应班主任以后会多抽时间照顾星星。

星星在心理老师的耐心陪伴、倾听下，通过打塑胶人摆沙盘等方法宣泄情绪，学会了一些调节情绪的方法，肚子痛的次数也减少了。班主任经常会及时把星星做得好的地方打电话告诉星星妈妈，星星妈妈也很开心，对星星也越来越关心了，星星脸上的笑容多了，好朋友也多了起来。

红疹子好痒

康康是一个男孩子，今年9岁，上三年级。今天，班主任老师突然发现康康的脸上长有一些红疹子，两腮旁还有几道显然是被抓过后留下的血印子。班主任关切地把康康叫到办公室询问康康这是怎么回事，原本活泼开朗的康康变得沉默了，情绪低落地对班主任说自己也不知道怎么回事，就是脸上、身上都长了一些红斑，特别痒，一痒自己就会去用手抓。班主任问康康擦药了吗，康康回答说没有。班主任觉得很是好奇，问康康为什么没有擦药，康康说自己要星期五晚上才会回家，星期一到星期四晚上都是全托，睡在托管中心。

班主任这才了解到康康的父母都很忙，自己开公司，平时没有时间照顾康康，就在康康就读的小学附近给康康找了一所托管中心全托。有时忙起来连周五晚上都没有时间去接康康回家，就再给托管中心加钱继续托管。康康从一年级就开始全托，那个时候由于年龄小，就是不愿意去托管中心也没有办法选择。但是到了三年级后，康康慢慢长大了，自我意识变得强烈了，开始向父母表达自己不想去托管中心。可是父母根本就不同意，因为他们没有时间照顾康康的生活，工作太忙了。康康有时到了周五晚上也不能回家，托管中心的小朋友都回家去了，只有一个做饭的阿姨照顾康康的生活，阿姨不怎么爱说话，康康没有人陪，只好一个人待在小房间里，有时他感觉很害怕，也很难过，经常偷偷躲在被子里哭。一个月前康康身上就开始痒，痒得睡不着，就用手抓，有的地方都被抓出血了，托管阿姨也打了电话给康康父母，父母也带康康去看了医生，把药交给托管阿姨，请她帮康康按时外敷。可是药用完了，康康的皮疹还没有好，康康也不愿意再擦药了，经常用电话手表给父母打电话，说要回家，不愿意再住在托管中心了。

康康由于年纪小，不能对自己的生活做出选择，但是不代表他内心没有想法。当他的想法向父母表达而得不到父母的支持和认同后，他就觉得自己失去了选择的权利，内心就会有愤怒的情绪。一开始，康康也会用哭和闹的方式拒绝去托管中心，但是和父母较量了几次失败后，愤怒的情绪就会被康康压抑在内心里，通过身体起疹子来表达自己的愤怒。

班主任耐心地和康康妈妈打电话沟通康康的现状，希望他们能尊重康康的选择，或是周五晚上能按时接康康回家，抽时间多陪陪康康，按时给康康擦药，注意饮食搭配。康康妈妈很是愧疚，决定把一部分工作移交给别人，自己花时间来照顾康康，不再让康康去托管中心。一个星期后，班主任就发现康康脸上的红疹子消失了，康康又恢复了活泼开朗的样子。

哮喘又犯了

越越是一个6岁的小男孩，长得比同龄人都要高一些，但是看上去身体却显得有点虚弱，眼睛空洞无神。越越从6个月不小心感染过支原体后，就经常出现咳嗽、流鼻涕的症状，父母带着越越看遍了省城各大医院，支原体感染不仅没有治好，反而越来越严重了，最后被医生诊断为儿童哮喘，妈妈带着越越去医院做了过敏检测，发现越越对尘螨过敏。从此，越越就开始服用哮喘药。妈妈担心长期服用哮喘药对越越的身体有损伤，经常带着越越去看中医，越越天天喝着苦苦的中药。

越越每次生病都是妈妈一个人带着越越去医院，因为爸爸忙工作没有时间。妈妈慢慢地也被越越磨得没有耐心和信心了，经常对越越发脾气，只要越越不按照她的要求做好事情，就会打骂越越，还不允许越越哭，越越通常只能在被打骂以后望着妈妈默默地流眼泪。慢慢地，越越开始会瞪着眼睛狠狠地望着妈妈，小拳头握得紧紧的。

妈妈还经常会和爸爸吵架。有一次，妈妈当着越越的面和爸爸吵架，妈妈把客厅里的电视机用力摔在地上，砸得稀烂，爸爸也没有忍住，把妈妈狠狠地推倒在地上，妈妈顿时咆哮起来，歇斯底里地爬起来扑向爸爸，和爸爸扭打在一起。父母全然忘了坐在沙发上的越越，越越顿时被吓傻了，过了好一会儿才一边哭，一边喊着："爸爸、妈妈，你们别打架了。"父母都失去了理智，在各自的愤怒中根本就听不进越越的话，也看不见越越的哭泣，扭打持续了半个小时，夫妻俩都筋疲力尽了才停手，爸爸气鼓鼓地回到书房坐着，妈妈回到自己的卧室哭泣着。过了好一会儿，爸爸到客厅把越越带回到自己的房间，哄他睡下。

半夜，妈妈醒来听到越越的房间里有咳嗽声，就打开房门去看越越，发现越越小脸涨得通红，人迷迷糊糊的，一边咳嗽还一边喘着，呼吸很急促，胸脯快速地一起一伏，还能听到喉咙里的鸣响声。妈妈吓得赶紧喊醒爸爸，两个人给越越穿上外套，急匆匆地开车带越越去看急诊。这是越越哮喘发作最严重的一次，幸好病情还算稳定。越越哮喘严重发作以后，爸爸、妈妈再也不敢当着越越的面吵架了，妈妈认识到了自己的问题，对越越的态度也温和了很多，常常和越越聊天，尊重他的意见和想法，每天把房间打扫得干干净净的。爸爸也会经常带着越越看电影、游泳、吃美食、玩滑板等，有时间一家人还会去空气质量好的地方，如海南、云南等地旅游。越越越来越开心，身体素质越来越好，但是吃药直到9岁，哮喘症状才慢慢消失，停止了吃十元一颗的进口哮喘药，偶尔感冒咳嗽也不再喘了，只吃一些感冒药。

儿童哮喘一般发病年龄在0~14岁，诱发儿童哮喘的原因复杂，除了对物质过敏、空气影响、呼吸道炎症等，还跟焦虑、抑郁、愤怒等负面情绪有着密切的关系。这些消极情绪可促使人体释放组胺等，提高迷走神经的兴奋性和降低交感神经的反应性，从而引起或加重儿童哮喘的发作。反过来，哮喘的发作又会造成儿童情绪更加紧张、抑郁、沮丧，从而进一步加重病情，如此恶性循环，会使哮喘长久不愈。越越就是因为妈妈的情绪从来没有得到很好的调控，不允许他发泄情绪，他把对妈妈的不满甚至愤怒压抑在潜意识中，父母的吵架又让他内心充满着恐惧的情绪，孩子因为年纪小，会认为父母吵架都是自己的错，从而又产生内疚感，负面情绪就会引发身体的不适反应，开始哮喘。

为了帮助患有哮喘的儿童减轻发病时的痛苦，减少发病的频次，在孩子按时遵医服药的同时，父母也需要调节好自己的情绪，构建良好的夫妻和亲子关系，营造温馨的家庭氛围，父母带着孩子开展丰富多彩的亲子活动，适当运动，多倾听、尊重孩子，有效沟通，同时注意环境卫生，远离过敏原，并合理饮食，孩子心情愉悦了、身体强壮了，哮喘症状也就会消失了。

化脓的青春痘

馨儿是个爱美的小女孩，今年12岁，上小学六年级，妈妈是一个单位的行政高管，爸爸是体育专业教练员。由于妈妈工作的调动，全家搬迁到一座新的城市，馨儿也转到新学校就读。馨儿刚到班上就受到其他女生的排挤，她很苦闷，但父母整天忙于工作，没时间理馨儿，她也不想跟他们讲自己的遭遇。她想和原来的闺蜜聊天，可手机又被父母监管着，每天只有晚上能用半小时。刚开始，闺蜜还能及时回复和她聊天，慢慢地，闺蜜回复也少了。一次闺蜜在微信里告诉馨儿，自己的父母发现了她总是和馨儿聊天后，说会耽误学习，就不许她再和馨儿聊天了。从此，馨儿便没有了倾诉的对象，心里很难过，每天上学时感觉度日如年，就盼着快点下课好回家。

馨儿回到家里经常也是一个人，有时吃饭都是自己点外卖，晚上睡着了都不知道父母是什么时候回家的。馨儿反而喜欢父母不在家的时光，因为一旦父母回家，特别是妈妈，就开始唠叨，有时说到情绪激动处还会动手打馨儿。一次妈妈一边晾衣服，一边很生气地指责馨儿，说班主任给自己打电话告状，说馨儿上课睡觉、不做作业，还和同学闹矛盾，砸坏了同学的水杯，要她赔。妈妈忍不住用衣架狠狠地打馨儿，爸爸坐在客厅的沙发上看见了，也不劝阻妈妈，似乎已经习惯了她们母女之间的互动。馨儿很生气，也很难过，虽然被打得很痛，但是强忍着没有掉一滴眼泪，把妈妈狠狠地推倒在地，自己跑进房间，把房门反锁上，任由妈妈在门外骂自己。

还有一次，妈妈无意间看见了两个男生在校外欺负馨儿，妈妈很生气，把车靠边停住，冲下车，气呼呼地冲到两个男孩子面前，拉开馨儿，然后问他们在干什么。当她听馨儿说他们在围着笑话自己时，很是生气，觉得这是霸凌，就拉着其中一个男生冲进学校，找老师去理论。馨儿觉得很丢面子，一声不吭低着头走在妈妈身后，跟着她一起进了老师的办公室。从此以后，馨儿晚上开始失眠，脑海中思绪不断，她很生妈妈的气，但是又不敢对着妈妈发脾气。一天早上，馨儿发现自己白皙的额头上长了几颗青春痘，没过几天，脸颊上也冒出了青春痘。馨儿很恐慌，从网上买了芦荟膏涂，可是青春痘此消彼长，有的变得红肿发亮出脓，馨儿把脓包挤破，血水都流出来了。她为了不让同学、老师看到自己难看的脸，把刘海留得很长，还整天戴着口罩，结果青春痘长得更厉害了，满脸都是痘印和化脓的红痘痘。在馨儿的再三催促下，妈妈才抽时间带馨儿去医院看皮肤科。

青春痘是青少年发病率高的一种毛囊皮脂腺的慢性炎症性疾病，又称粉刺、痤疮，具有一定的损容性，以粉刺、丘疹、脓疱、结节等多形性皮损为特征，对青少年的心理和社交影响很大。引起孩子青春痘的因素很多，除了生活习惯、环境外，还有就是负面情绪和压力的影响。愤怒、焦虑、忧郁等负面情绪会影响机体内分泌系统，造成内分泌失调。当人精神过度紧张、情绪过于激动时，人体的激素就会分泌过多，引起心跳加快、血压突然升高、肾上腺激素分泌过多，引起毛囊皮脂腺导管上皮细胞增生，堵塞毛孔，引发青春痘。青春期的孩子开始注重自己的外貌，特别是女孩子，青春痘会影响孩子的外貌，会给孩子带来很大的压力。压力又促发负面情绪，导致或加重青春痘生长，严重的青春痘还会产生更大的压力。就这样，负面情绪和痘痘之间产生着恶性循环。

医生看了馨儿脸上的青春痘，也询问了她一些问题，给馨儿开了药，对馨儿说像她这样的年龄开始长青春痘很正常，长了青春痘不可怕，除了注意个人卫生，不要用手去挤痘痘，按时服药和擦药，多喝水，多吃水果蔬菜，好好睡觉之外，更重要的是心情要好，遇到不开心的事情要和信任的人多说说，不要有过大的压力，这样治疗效果才会更好。馨儿望了妈妈一眼，妈妈没有说话，但从这以后，妈妈对馨儿的态度来了一个一百八十度大转弯。他们开了一个家庭会议，妈妈承认了自己打骂馨儿不对，给馨儿道了歉，还说出了自己脾气不好是因为工作压力大，没有调节好，以后要学会控制自己的情绪。爸爸也向馨儿道了歉，说没有及时帮助馨儿，对馨儿的关心不够，以后尽量少外出应酬，多陪陪馨儿。馨儿感觉内心一样子轻松了很多，痘痘也慢慢地不再疯狂地长了。

五、情绪对孩子行为的影响

引发不良行为

不敢一个人睡觉（胆小）

小静，女，在读小学一年级，乖巧安静。她是二胎，家里有个11岁的哥哥，兄妹感情比较好，但偶尔也会发生争执。小静在家主要由妈妈来带，爸爸工作很忙，经常都不在家，在家跟小静交流也不多。

在开学的第一周，小静不敢来学校上课，每次进学校都会哭很久。问小静为什么哭，小静说很害怕来学校。妈妈要安慰很久，她才愿意进校门。小静在班上不敢主动跟同学交往，也没有什么好朋友。在家里，小静晚上也不敢一个人睡觉，天天都要妈妈陪着。

在心理学上，恐惧是一种心理活动状态，是指人们在面临某种危险情境，企图摆脱而又无能为力时所产生的一种担惊受怕的强烈的压抑情绪体验。恐惧心理就是平常所说的"害怕"。

同时也有"恐怖症"的提法。恐怖症是对某种客体或情境产生持续的、无法控制的强烈恐惧，恐怖症发作时往往伴有明显的自主神经症状。所害怕的对象是外在的，而且极力回避所害怕的客体或处境是其特征。恐怖症有两个特征性表现：对引起焦虑环境的回避和即将进入该环境时的期待性焦虑。

恐惧源自于人类自身对事物的不了解、不确定，因此可以通过提高对事物的认知能力，扩大认知视野，判定恐惧源来缓解恐惧。认识客观世界的某些规律，认识人自身的需要和客观规律之间的关系，提高预见力，对可能发生的各种变故做好充分的思想准备，就会增强心理承受能力以及对恐惧的免疫能力。

小静对于学校的恐惧情绪是因为对学校环境的不熟悉，在家不敢一个人睡觉也是因为缺乏安全感，建议家庭要多培养孩子的安全感。父亲在孩子的成长过程中有着不可或缺的地位，是孩子自信和勇气的重要来源。父亲要多多陪伴孩子，妈妈在孩子表示害怕的时候，要多给她鼓励和勇气，陪她共同面对。与此同时，建议老师多多鼓励和表扬小静，为其逐步建立自信。

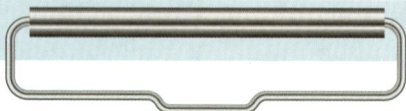

以下有四个引导孩子睡觉的小妙招：

（1）营造好的睡眠环境。在日常生活中，多陪伴孩子，告诉孩子妈妈时时刻刻都会在身边，让孩子不要怕，这样孩子才能安然入睡。

（2）多进行鼓励和表扬。在日常生活中，多鼓励孩子自己睡觉，对孩子独立睡觉的行为提出表扬或者奖励，千万要注意方式方法。

（3）睡前陪伴非常重要。家长可以在孩子睡觉前给孩子讲一些温暖的、有爱的小故事。孩子在听睡前故事的过程中，能够安静下来，也能慢慢适应自己睡觉的环境。还可以通过讲故事告诉孩子，自己一个人睡觉没有什么可害怕的，很多孩子都是自己入睡的。

（4）做出正向言语引导。如果家长想要培养孩子独自入睡的能力，应该对孩子进行正确的语言引导，不要让孩子觉得独自入睡是一件可怕的事情，否则很容易产生畏惧的心理。家长可以通过鼓励，让孩子觉得独自入睡是长大的一种象征，标志着孩子更加坚强，是一个大孩子了，这样将会激发起孩子的好胜心和好奇心，让孩子能够主动要求独自睡觉。

旅行的电话手表（偷盗）

孩子在成长过程中会遇到各种各样的事情，有些事情如果不及时纠正，今后可能会影响孩子的一生。比如孩子小时候喜欢拿别人的东西，长此以往，这样的行为可能会发展成偷盗，甚至孩子可能会走上违法犯罪的道路。所以一旦发现孩子有这样的行为，请家长们务必引起重视。

小黄是一个转学插班的学生，他进入到新学校以后有种种不良行为，经常被老师点名批评。有一天小黄父母突然接到班主任的电话，说小黄偷拿了其他同学的电话手表。小黄父母气急败坏地赶到学校，不由分说把小黄打了一顿，马上退还了小黄偷的电话手表。班主任与家长交流发现，小黄在家也经常有偷拿父母钱的行为，但是父母并没有引起重视，只是批评一下。所以小黄觉得自己的行为不能算偷，只是拿着玩一玩，第二天再还给同学就是了。

儿童心理学研究分析，孩子偷拿别人的东西由两种心理因素引起：一是孩子有一种强烈的占有欲望，他对自己感兴趣的东西充满好奇心，想占为己有；另一原因是孩子有一种异乎成人的冒险心理，他们会觉得拿了别人的东西只有自己知道，别人却不知道，非常具有成就感和挑战性。

那么，如何纠正孩子偷东西的行为呢？

（1）无论孩子有没有偷盗行为，都应该从小教育孩子偷窃的危害。一定要给孩子讲清楚为什么不能偷东西，哪些行为属于偷盗，偷盗有什么后果。孩子还没有形成道德观念，可以借助绘本、活动、故事、电影等让孩子理解不能偷拿他人的财物。

（2）要让孩子知道，不可以私自拿家里的东西，重要的财物需要经过父母的同意才可以拿。像小黄就是在家形成了拿钱的习惯，父母没有严肃制止，所以才会发展成偷同学的物品。所以当孩子在家随意拿父母的钱物时，一定要严肃批评孩子，告诉孩子这也属于偷窃的行为。

（3）如果孩子拿了超市的东西，家长应该告诉孩子在没有付钱之前，这些东西都不属于自己，要付了钱才可以打开、才能带出超市。

（4）家长们如果发现了孩子有这样的行为，一定要及时纠正，不能一味以打骂为主，这样不仅起不到作用，反而会对孩子的心理造成影响。像小黄的父母知道孩子有这样的行为后，没有耐心地教育孩子，而是当着老师的面打了孩子一顿，这样的教育方法是非常不恰当的。家长要更懂得爱护孩子，爱孩子的方式并不是一味地纵容孩子，而是让孩子逐渐地明理，能够知错就改。

（5）从小培养孩子时，一定要让孩子知道拿了别人的东西必须物归原主。要找出孩子偷窃行为的根本原因。

（6）请家长们一如既往地信任孩子，因为一次偷窃事件不能表明孩子品质不好或行为不端。

被霸凌的孩子（霸凌）

　　小明，男，今年11岁，小学六年级，成绩一般，性格内向、害羞。小明从小跟妈妈长大，虽然妈妈工作比较忙，也很少跟小明聊天，但很疼爱小明。爸爸在外地工作，每年见面机会较少，平均每周打三次电话，主要也是聊孩子的学习情况。小明很喜欢跟女孩子玩，同学觉得他有点"娘娘腔"，再加上体型偏胖，在班里经常被同学欺负、开玩笑。同班几个调皮的男生经常会辱骂、嘲笑小明，叫小明"娘娘腔""死胖子"；还有武力的霸凌行为，比如故意往小明身上踢球或者几个同学去围住小明。小明性格比较内向，不敢还嘴，更不敢反抗。

　　小明偷偷跟老师反映过情况，老师也马上批评了那几个调皮的男生，但几天以后，他们就变本加厉地欺负小明。班上同学对小明的霸凌行为对小明造成了极大的困扰，小明变得不爱说话，不爱跟其他同学交流，上课也经常走神，考试成绩下滑得非常厉害……

　　校园霸凌是指发生在学校校园内、学生上学或放学途中、学校的教育活动中，由老师、同学或校外人员，蓄意滥用语言、躯体力量、网络、器械等，针对学生的生理、心理、名誉、权利、财产等实施的达到某种程度的侵害行为。校园霸凌会影响学生的心理健康、校园适应性发展和学业成就等。

传统的校园霸凌方式大致可以分为四种。

暴力型

这类霸凌伴随着诸如推、掐、敲打、殴打、踢等暴力行为，对他人的肉体、精神上造成的打击很大。有些暴力行为非常危险，如用书敲打头部、拉扯头发，用扫帚、伞敲打，甚至是勒脖子等行为。

语言型

这种霸凌又可以细分为三类：首先是取绰号，用"矮子""胖子"等词嘲讽对方的外貌特征；其次，把对方作为笑料，夸大其词加以嘲笑；最后一类就是散布谣言，如"某某爱偷东西"等。

网络霸凌

目前出现了一种新型的霸凌，即网络霸凌（网络暴力）。因为手机、电脑等在中小学生中得到普及，网络霸凌成为新型的霸凌方式，如将同学的私密照片通过手机传阅、在班级群语言攻击某位同学等。

忽视型

即忽视对方的存在，如孤立对方，或者伙同其他同学不理某位同学。因为持续否定对方的存在，所以对被孤立者的精神打击和精神压力是很大的。而且这种校园霸凌极具隐蔽性。

校园霸凌问题的根源主要是个人因素。一个孩子之所以会有霸凌行为，和他的成长经历、家庭氛围等是分不开的。有一类孩子因为从小生活在缺少关爱的环境中，因此一方面缺乏安全感，另一方面又因为自卑而嫉妒那些生活在幸福环境中的孩子。而且因为从小缺乏别人的关爱，所以也不知道如何关心别人，更不会去体会被欺负的小孩所经历的痛苦。而另一类孩子则完全相反，因为从小被家庭溺爱，所以形成了自我中心的性格，支配他人的欲望非常强烈，容忍不了和自己意见不同或者是不顺从自己的人，从而走上实施霸凌的道路。还有一类孩子欺负别人，是因为过去有受欺负的经历。这种孩子所占的比率很高，因此他们的存在亦不容忽视。

躲在黑房子里（抑郁）

小安，男，六年级学生，离异家庭，跟母亲和继父一起生活，亲生父亲基本上没有再管过他。因为母亲和继父又生了一个妹妹，小安在家庭中得到的关爱很少。母亲对孩子的学习要求高，脾气也很暴躁。小安很想学好，但是没有科学的学习方法，学习成绩一直上不去。每次没考好，妈妈都要狠狠地骂他一顿。慢慢地，小安有点害怕学习，害怕去学校了。

在进入六年级后，小安经常离开教室，躲在厕所里。一开始同学还可以劝小安回到教室，慢慢地，他一坐在教室就心里非常难受。在得到小安的同意下，班主任给他约了学校心理辅导。心理老师建议转介，小安在医院被诊断为中度抑郁症。

抑郁是一种情绪，每个人都有可能出现。一般正常人能从这种抑郁情绪中脱离出来，很快重新恢复到正常的状态。但长期处于心理抑郁状态的人，时间超过两周，或是更长时间，可能诊断为抑郁症。抑郁症主要表现为情绪低落，兴趣降低，悲观，思维迟缓，缺乏主动性，自责自罪，饮食、睡眠差，担心自己患有各种疾病，感到全身多处不适，严重者可出现自杀念头和行为。

小安的现状，引起了妈妈重视，她会耐心和小安沟通，并且和他达成共识——"要离开教室时，一定要告知老师或同学去向"，让他明白，当他离开教室时，老师和同学都会担心他。同时为他提供一个安静的环境——校图书馆来学习，这里只有一位老师。同时，班主任安排了几位热情友好的同学主动和他聊天交流，舒缓他的情绪。

在学校进行心理干预的同时，家长也会每月定期和老师进行电话交流，及时了解小安近期的心理状况。同时，家长将教育重心从孩子的学习转移到对孩子的关心上来。在学校和家庭的共同引导下，小安情况慢慢好转，复查抑郁症已经康复了。

六年级下学期时，在同学的鼓励下，小安主动申请当课代表，每天按照老师的要求收发作业，并能积极主动地与同学们进行交流。每次在校园中遇到老师时，他也会主动和老师打招呼。在一次考试中，小安还拿到了全年级第一的好成绩，登上了年级光荣榜。在六年级的毕业典礼上，小安获得了"班级进步最快学生"和"优秀课代表"的荣誉。

从对小安的成功干预可以看出，面对抑郁，可以从以下方面着手：

1. 构建家庭、学校、社会三位一体的体系

家长在生活中，要学会关注孩子的心理状况。老师作为学生在校期间的重要教育者和陪伴者，可以通过向学生普及心理健康知识、采取有效措施来提升学生的心理健康水平。社会上有多种资源，可以通过讲座、培训、沙龙等形式与学校和家长互动，促进学

校教育和家庭教育在孩子身上产生积极的影响。应积极探索社区教育在构建家庭、学校、社会三位一体教育中积极作用。这样在三位一体的教育体系中，可以帮助学生成长，更快地适应环境。

2. 树立信心，学会成长

自信心是一种反映个体对自己是否有能力成功完成某项活动的信任程度的心理特征，是一种积极有效地表达自我价值的意识特征和心理状态。特异家庭的学生往往由于家庭教育和引导欠缺，会更加敏感、缺乏自信心。家长要善于观察，利用孩子的兴趣爱好和特长，培养自信。

3. 完善心理健康预警方法和心理危机应急机制

家校配合的学生心理健康预警是以学校为核心，个体、家庭、社会相互配合、相互影响的整体预警模式。学校是主导，个体是中心，家庭是基础，社会是补充。班主任要建立学生心理档案，及时与家长交流学生的情况；定期与心理老师沟通，对存在心理健康隐患的学生进行预警和心理健康干预。

从学校年级到班级，也要建立健全的心理危机应急机制。通过一些信息渠道（如收集表、问卷信息、心理委员等），及时了解学生的心理状态，发现学生的心理危机，了解发展的诱因，并帮助学生克服当前的困难，防止问题进一步扩大。

手腕上的伤痕（自残）

彭某，男，四年级学生，平时与同学相处融洽。某一天中午到学校，他看到班主任就开始号啕大哭，说自己犯了错被妈妈打骂了一上午。从那以后，老师发现他只要被批评或者与同学闹矛盾了，就会猛烈地拍击自己的头部，其他同学怎么劝都停不下来。

班主任马上跟彭某的妈妈联系，得知只要彭某在家里犯错了，妈妈就会把他关在一间屋子里。这段时间彭某在"小黑屋"里又饿又害怕，然后就会忍不住开始拍自己的头，大哭大喊。有时候妈妈不忍心就会把他放出来，彭某就觉得"只要我拍自己的头，妈妈就不会生气了，就会放我出来了"。这样暴力的教育惩罚方式逐渐养成了孩子轻度自残的行为。

自残是人们刻意伤害自己的一种行为，也被称为自虐。有此行为的人在情感上都有着巨大的痛苦，他们通过自我伤害的行为来减轻情感痛苦或借此引起别人的关注。常见自我伤害的方法有：烧伤，刀伤，削发，用头、手等部位撞击坚硬的物体，危险的攻击行为，过量服药或毒品。因为他们不能采用有建设性的沟通方式，而被压抑、恐惧、孤独、厌恶自己等感觉困扰。自残行为是生理、心理、社会三方面复杂作用之下产生的最终结果。

彭某的轻度自残行为源于他的负面情绪。情绪本身无好坏之分，也无价值高低之别，不过因为个体的情绪作用，会产生截然不同的效果与影响。作为家长，要强调培养孩子的正向情绪，使孩子更加乐观、充满希望。

如何改变彭某的自残行为？要告诉他这样的情绪表达方式是不正确的，也极其危险；要做控制情绪的主人，不做情绪的奴隶。家长可以从弹性计划、创造思考、转移注意力、激发动机来逐步引导孩子去一步步战胜消极情绪。

同时，也可以告知孩子，释放情绪可以有很多种方式，不伤害自己也不伤害别人的方法才是可取的。比如不开心或开心时可以与老师、最好的朋友分享，也可以大声喊出来，还可以进行体育锻炼等。当压力逐渐增大时，也可以做些别的事情来调节情绪。例如，抓一把冰块直到融化，用球拍使劲击球，到体育室打拳击，到没有人的地方大叫几声，在操场上快速地奔跑等。

不恰当的教育方式也是导致此问题的源头。家长在孩子犯了错误时，可以批评，使其明白哪一种行为就是"坏我"，但不能只对其长时间无数次地展示"坏我"的行为，过度惩罚，而没有告诉孩子"好我"应该怎么做。这样的教育方式并不能达到教育目的，下次再遇到类似的情形就是孩子依然不知所措，而且还会造成心理阴影；或者害怕犯之前犯过的错被惩罚，而选择什么都不做。

阻碍人际交往

快走开，小哭包

小军，男，五年级学生，身材高大。父母是普通工人，家庭经济条件一般，作为家中的独孙，爷爷奶奶对小军非常宠爱，小军经常到爷爷奶奶家吃饭、睡觉。小军性格比较内向，比较喜欢一个人独处。在班上总是和同学闹矛盾，爱管闲事，爱打同学小报告。跟同学吵架或者有不如意的事情就爱哭，每天都要哭一两次。老师对他也非常头痛。上课注意力不集中，学习成绩差，同学们都不愿意和他交往。

造成小军这些问题的原因是：

性格缺陷

受长期溺爱的家庭环境和教育因素的影响，小军的性格存在一些缺陷，如：过分娇气，过分依赖老师和家人，性格内向、自我封闭，遇事懦弱、自卑、好哭，不敢维护自己的尊严等。这些对人际关系有着非常大的消极影响。

能力缺陷

由于成长环境和性格方面的原因，小军非常缺乏人际交往的方法和技巧，经常独处，欠缺人际交往方面的锻炼。他一方面渴望获得友谊和建立良好的人际关系，一方面又缺乏与人交往的技巧，不懂得如何获得真正的友谊和平等尊重的人际关系，遇事总想用眼泪来赢得老师的关注，来获得同学的同情与友谊，导致他在人际交往中屡屡受挫，产生了强烈的自卑感和无助感。

缺乏良好的社会支持系统

由于性格和能力缺陷，导致小军与班级同学和老师的关系不融洽，同学不愿和他交往，个别调皮的男生还经常恶作剧地故意欺侮他，惹他哭。家长更多的是关心他的学业成绩，使他缺乏强有力的社会支持系统，感受不到老师和同学的关爱和温暖，从而更加内向和自我封闭。

那么，作为家长，该如何改变小军的爱哭行为呢？

提供情感宣泄渠道

由于小军长期自我封闭和压抑，觉得没人理解自己，但从未对老师和家长诉说过心中的烦恼，家长要以关注和倾听为主，通过专注的倾听，让小军得到情绪上的宣泄和释放，同时感受到被理解和关注。

增强自信

通过帮助他树立信心来增强心理承受能力。引导他进行积极的自我暗示，如：我身材高大，我充满力量，我对人富有同情心，如果我改变了，同学们一定会喜欢我、接受我的。通过积极的心理暗示来增强自信心，降低自卑感。

教给他一些人际交往的方法和技巧

平等尊重是人际交往的首要前提。在人际交往中，小军要克服娇气和懦弱的个性，对待一些小事要学会宽容，做出适时有分寸的忍让，不斤斤计较；对于同学的恶作剧和故意伤害，要注意保护自己的尊严，从观念上强化自己作为一个人的权利和尊严，而不是一味地退缩和忍让。

建立强有力的社会支持系统

老师和同学要多给他关心和鼓励，多发现他身上的闪光点，多创造一些让他展现才能的机会，使他感受到同学的友爱、老师的关爱和班集体的温暖。

通过以上方法的调整，小军逐步建立了自信，克服了自卑懦弱的个性，也学会了一些与同学交往的方法和技巧，懂得要维护自身的尊严和权利，学会了适当拒绝。他最近心情好了很多，同学们都开始跟他交往了，还交到了两个好朋友，变得开朗活泼多了。

不和爱打架的人玩

小勇，小学六年级男生，一米七的大个子，父母文化水平低。母亲非常宠爱他，父亲"恨铁不成钢"，对他要求非常严格。小勇以自我为中心，因为身材魁梧，他为人非常霸道，常常强迫同学按照他的要求做事。如果不听他的，就跟其他同学打架。小勇不爱学习，上课不专心听讲，经常扰乱课堂纪律，不做作业，成绩一直是班上倒数第一。

小勇"崇尚武力"，在社会上结交了一些不良少年，"感染"上了情绪冲动暴躁、报复心强等不良习性。他经常与人打架，与人发生冲突时还喜欢谩骂同学，甚至出现过和老师顶撞的情况。他痴迷武打影视剧、暴力游戏，还喜欢上网。

小勇爱打架的原因是什么呢？

第一方面，家庭因素。

（1）缺乏沟通的家庭氛围。小勇的父母为了生计，整日奔波忙碌，没有很多精力、时间和孩子沟通。自身文化程度不高，对孩子精神世界的引导和道德素养的教育的重视程度不高。

（2）家庭教育方式的差异。小勇的母亲对其宠爱有加，几乎到了百依百顺的地步，缺乏明确的规则约束；父亲则"恨铁不成钢"，坚信"棍棒底下出人才"，孩子稍有过失就"辱骂加棍打"。父亲的粗暴言行潜移默化地影响着小勇，使他形成了错误的道德观念，认为"暴力可以解决一切"。

第二方面，社会因素。

与不良少年结伴，痴迷网络暴力游戏，更加剧了小勇的攻击心理。

第三方面，心理原因。

消极的学习态度加上缺乏明确的学习动机，导致成绩较差，也增强了小勇的受挫心理。他得不到老师、同学、家长的认可、关怀、鼓励。没有学习的成功感，更增加了他的挫败感。他渴望获得成功，受人尊敬，打架让他体会到了一种"满足感和被人尊重的感受"，于是其攻击性行为越来越频繁。

小勇的攻击性行为是由于爱的需要、自尊的需要没有得到满足而导致的。他缺乏爱的关怀，学习等方面屡遭挫折，挫折容忍力又较差，当与人产生矛盾时，想要达到的目标受到难以克服的阻碍，产生了紧张状态与冲动的情绪反应，导致攻击行为。

那么，如何解决小勇的问题呢？

第一，消除家庭教育的负面影响。

（1）改变家庭错误的教育观念和方法。

（2）合理运用奖惩，坚决杜绝"体罚"，提倡"以奖代罚"，及时鼓励、适当奖励小勇的合理行为，使正当行为及时得到强化。

（3）建立和睦的亲子关系，营造宽松和谐的家庭环境，使小勇的归属与爱的需要、自尊的需要得到满足。同时每天放学妈妈到学校接孩子，减少和不良少年的接触时间。

第二，转变道德认识，从内心感化。

小勇总认为"只要有理，动手打人就没错""看他不顺眼，打了他又怎样"。针对小勇的认知偏差，以谈心方式引导他进行换位思考：如果你自己被打了，你有何感受？让他分析打人后会产生什么后果，帮他进行"后设认知"。懂得不管事情的起因怎样，以武力解决问题这一方式是错误的。渗透纪律、法律常识教育，使孩子进一步认识到打人的错误。

第三，提供方法，纠正攻击行为。

小勇缺乏解决问题的技能，导致了"打人有理论"。结合小勇酷爱运动、精力充沛等特点，在日常学习生活中，父母可以采用一些他感兴趣的活动来转移注意力。小勇情绪紧张、怒气冲天时，让他去打球，以减少他的"攻击性能量"，并达到转移注意力的目的。

他的脾气太爆了

小叶，男，小学二年级学生，性格怪僻，脾气暴躁，自理能力差，不愿与人沟通。据父母反映，他从小跟着爷爷奶奶生活，周围的亲戚都很溺爱他。他在家里也不听父母的话，遇到一点小问题就大发雷霆。父母无法管教，经常把他关在房间里。

小叶自入学以来，学习习惯很差，不愿学习，与班级同学交往困难，经常惹是生非。从上学开始，他的作业从没有主动完成过，经常拖欠作业，对老师更加不尊重。在学校他经常上课不听讲，老师批评他，他也爱理不理，甚至还会对老师发脾气；别的同学不愿和他玩，他就经常故意激怒同学。

脾气暴躁的学生主要表现为情绪波动剧烈，易怒，说话常带有威胁性，几乎无法控制自己的脾气，拒绝听从他人的安排，难以接受指令，面对自己的失误，反应极其强烈。

那么，脾气暴躁的学生到底是怎样形成的呢？主要可以归结为家庭环境、社会环境、学习环境等因素造成的。家庭环境指的是家长的教育方式对孩子的影响，家庭的经济情况及几代家庭和谐程度的影响。倘若家庭环境存在恶劣因素，比如家长缺乏良好的教育方式，家庭经济困难，或家庭内部相互排斥等，孩子就可能会形成暴躁的习惯，甚至表现出过度脾气暴躁的状态。

此外，社会环境也会对孩子产生影响。比如，孩子周围聚集着大量成人，比如老师、家长等，而这些成人中没有一个是他们真正信任的，也没有人能够帮助他们摆脱自身的困境，他们感到无助，就渐渐失去了信心，把自己的不快与抗争心理外放，变得越来越暴躁。

另外，学习环境也会影响孩子的心理变化，比如，孩子遇到比较困难的学科，而他们又没有办法解决，也没有老师可以给予帮助，这些因素都会让孩子形成一种无助感，然后就会导致脾气暴躁。

具体分析的话，小叶的种种行为是由以下情况造成的：

· 大人对孩子的溺爱，使孩子自理能力差，对长辈没有敬重的态度，凡事都自由散漫。写作业都要母亲在旁边陪着，否则无法完成。

· 性格固执，小叶平时少言寡语，不与他人过多交流，容易对别人产生抵触心理。

· 从小没有培养良好的学习习惯。

· 没有学习动力。

如何改变小叶的脾气呢？

首先，要改变现有的家庭环境，确保孩子充分得到家长的关爱和保护，这是最根本的。家长应该做的是充分考虑孩子的感受，注重教育孩子正确的行为规范，有选择地让孩子参与家庭的活动，以帮助孩子建立起一种负责的态度。

其次，在教育孩子时不能用简单粗暴的方法，要多和孩子交谈。小叶特别爱玩，父母争取每天有一人陪小叶写作业。家长多让孩子做一些力所能及的事，多给孩子一些锻炼的机会，培养孩子的自理能力。

最后，要重视孩子的心理健康，更多地与孩子交流，帮助他们更好地解决问题，而不是直接干预或惩罚，从而在心理上降低他们发怒的概率。

降低学习效率

一上课就想睡觉

张扬，独生子，11岁。性格直爽、好冲动，头脑较聪明，很讲义气。母亲在家，父亲外出做生意，一个月回家一次。父母对张扬很宠爱，在各个方面都尽量满足孩子的要求，对孩子的期望值也比较高。由于父亲经常不在身边，母亲又忙于工作，一般到晚上七点半才下班回家，平时主要是由外公负责照顾张扬的生活起居。

学习方面，张扬是个非常聪明的孩子，但是却不愿意听课，不写作业，经常在上课睡觉。对学习的兴趣不大，上课爱说话，扰乱课堂纪律，有时候不交作业。母亲告诉老师，张扬上课睡觉是由于晚上趁他不在家的时候玩手机游戏，然后作业又没有写，一直到很晚才写完，所以白天没有什么精神，一上课就想睡觉。

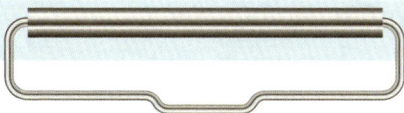

那么，如何调整孩子一上课就想睡觉的情况呢？

（1）消除家庭教育的负面影响。

首先，矫正错误的教育观念。张扬的母亲很溺爱他，以自己喜欢的方式爱护张扬，呵护过度，孩子有时候违反了班规，妈妈害怕孩子被惩罚，就跟老师解释，说自己的孩子在家里如何如何乖，或者为孩子开脱责任。家长应该耐心疏导，帮助孩子逐渐克服缺点。孩子有问题后，推卸责任、埋怨、责备都只会事与愿违。

其次，合理运用奖励。及时奖励其合理行为，使其好的行为及时得到强化。奖惩结合，奖为主，但奖励要有原则，不能超过许可的范围。

再次，建立良好亲子关系。父亲应同孩子多谈心，打开孩子的心结，知道孩子心中想什么、希望什么、喜欢什么，多鼓励孩子，不能因为自己忙就不过问。

（2）改变孩子对于学习的认识。

对于有问题行为的学生来说，对自身行为的正确认知是解决问题的关键。转变张扬的学习意识，主要采取与其谈心的方式。父亲选择了张扬喜欢的方式。每次谈心之前，先确定谈话主题，设计一些问题。张扬的学习动机在很大程度上受情绪的影响，情绪是学习动机主观因素中极为活跃的重要变量。张扬由于经常不完成作业，上课睡觉，经常受到批评，缺乏成功的体验，对学习产生了消极情绪，对学习内容厌倦，对老师的教育有很大的抵制情绪。

遇到难题就生气

刘某，女，11岁，四年级。父母文化水平不高，在外地经商，孩子由奶奶抚养。父母和她缺乏沟通，对她的关爱也非常少。她整天放学回家后，就独自待在家里，或和几个极熟的小伙伴在家门口随便玩玩。她的性格比较内向，少言寡语。她的学习成绩从一年级到三年级非常好，但是到了四年级就下降得很厉害，在班上只是中等水平。在学习上，特别是在数学科目上，一些简单的问题要想很久才能思考出来。如果遇到的难题比较多，她还会特别生气，在家里还会摔作业本，奶奶也没有办法。

"学困生"之所以在学习上存在问题，肯定是有原因的。首先对"学困生"的自身进行分析，是家庭原因、心理原因、学生的学习方法有问题，所以在进行"学困生"的个案分析时就要考虑到"学困生"的问题所在。

结合刘某的情况，她的学习困难主要有以下原因：

信心不足

由于学习成绩差，认为自己没有学习的天分，从内心产生自卑感，从而在学习上没有信心。还有一部分原因就是自己明明就已经努力很长时间了，还是没有进步，造成心理上的挫败感，学习也就会越来越差，造成恶性循环。

家庭影响

学生很容易受到家庭的影响，刘某的父母经常不在家，所以很难在日常帮助孩子，同时跟刘某的沟通和交流很少，对孩子的学习情况也不了解。

性格问题

很多"学困生"自身性格会和其他人有很大的差异，许多"学困生"不喜欢与老师和同学进行交流，由于自身性格比较孤僻，或是胆怯，失去很多表达自我的机会，所以在学习的过程中，更不敢于说出自己的疑问。

那么，如何转化"学困生"呢？

（1）耐心沟通。

在对"学困生"进行改进时，要有足够的耐心，和"学困生"进行深刻的讨论，弄明白"学困生"的心理需求，以及"学困生"所面临的最大的问题是什么，以及解决问题的捷径有哪些。在沟通的过程中，要以表扬和鼓励为主。

（2）科学引导。

在改进"学困生"时，首先了解学生的心理状况，然后给学生提出可以完成的学习要求，制订进阶计划。

（3）积极鼓励。

善于发现"学困生"的闪光点，及时给予表扬和鼓励。让他们也能享受成功的快乐，找回自信和自尊，激起他们克服困难的信心和勇气，力争上游。

太难了，记不住

小婷，女，三年级，上课经常走神、发呆。小婷1岁时父母离异，一直由父亲和爷爷奶奶抚养，近来父亲外出打工，照顾小婷的责任就完全落到了两位老人身上。爷爷奶奶年纪较大，文化水平低，只能负责照看小婷的起居。课堂上，小婷行为缺乏自控，注意力很不集中，经常走神、发呆；记忆力差，所学生字只能记住简单的几个；简单的重复性抄写作业能够自觉完成，较难的题目就会乱做；学习态度较好，能够根据老师的批评及时改正缺点；有需要记忆的知识点就不想认真去背记，对学习有较强的畏难情绪。

如何解决小婷的问题？有以下方法可以参考：

（1）家长与孩子多交流。

多与孩子进行交流、沟通，及时了解各方面的情况。注重孩子的心理发展，逐步帮孩子建立起自信心，让孩子的心理能健康发展。

（2）尽可能激发学习积极性。

要提高孩子的学习效率，最有效的方法是激发学习的积极性和主动性。有任何细微进步时家长都要及时予以鼓励，进行口头表扬。当孩子有突出表现，应用多种方法奖励，激励其继续坚持。

（3）重新制定学习目标。

应该引导小婷重新定位自己，结合当前的实际，制定一个自己通过努力可以达到的目标。帮助孩子安排好每天具体的学习计划，从每天的点滴进步中获得成功感，逐步提高学习效率和成绩。

（4）告诉孩子一些记忆的方法。

A.精力集中。记忆时只要聚精会神、专心致志，排除杂念和外界干扰，大脑皮质就会留下深刻的记忆痕迹而不易遗忘。如果精神涣散，一心二用，就会大大降低记忆效率。

B.兴趣浓厚。如果对学习材料、知识对象毫无兴趣，即使花再多时间，也难以记住。

C.理解记忆。理解是记忆的基础，只有理解的东西才能记得牢、记得久。若仅靠死记硬背，则不容易记住。对于重要的学习内容，如能做到理解和背诵相结合，记忆效果会更好。

D.过度学习。即在学习材料已经记住的基础上，多记几遍，达到熟记、牢记的程度。过度学习的最佳程度是150%。

E.及时复习。遗忘的速度是先快后慢。对刚学过的知识，趁热打铁，及时温习巩固，是强化记忆痕迹、防止遗忘的有效手段。

F.经常回忆。学习时，不断进行尝试回忆，可使记忆错误得到纠正，遗漏得到弥补，使学习内容难点记得更牢。闲暇时经常回忆过去识记的对象，也能避免遗忘。

G.读、想、视、听相结合。可以同时利用语言功能和视听觉器官的功能，来强化记忆，提高记忆效率，比单一默读的效果好得多。

H.运用多种记忆手段。根据情况，灵活运用分类记忆、特点记忆、谐音记忆、争论记忆、联想记忆、趣味记忆、图表记忆及编提纲、做笔记、卡片等记忆方法，均能增强记忆力。

I.掌握最佳记忆时间。一般来说，上午9~11时、下午3~4时、晚上7~10时为最佳记忆时间。利用上述时间记忆难记的学习材料，效果较好。

J.科学用脑。在保证营养、休息、体育锻炼等保养大脑的基础上，科学用脑，防止过度疲劳，保持积极乐观的情绪，能大大提高大脑的工作效率。这是提高记忆力的关键。

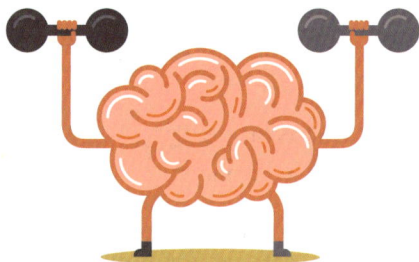

六、父母情绪对孩子的影响

父母与孩子共同生活在同一个环境下，父母对于情绪的处理方法、个人的行为方式、家庭文化氛围等，都会潜移默化地影响孩子。这种心理文化的遗传会影响到孩子成年以后，他们在自己的情绪行为处理之中仍会存在父母如何处理的影子。在亲子交往过程中，孩子就是父母情绪的接收器，如：当家长坐立不安时，孩子马上就会感觉到，并影响孩子自己的情绪也随之紧张起来；当家长感到放松时，整个人所呈现的感受会是轻松愉悦的，孩子在这种氛围下也会感到非常愉悦。

💡 情绪会传染

踢猫效应

小敏，六年级学生，即将迎来毕业考试，以前学习状态很好，但是在快到考试的这段时间，上课时学习效率不佳，总是感觉自己想学但学不进去，会时不时出现"要是没考好会没有好初中读，没有好初中就没有好高中，没有好高中就没有好大学，那以后就没有好的未来"这样的想法。这些导致小敏的情绪特别焦虑，面对考试特别紧张。家人也在传递着学习有多么多么重要，要好好学，认真学。之前每周都有休息时间能放松一下，现在都没有了。面对这次考试，整个家中都弥漫着一种焦虑的氛围，感觉很压抑。

在生活中，我们会发现，当家庭中有一个人心情不好时，其他人也会受到一些影响，好像情绪具有传染性一般，心理学上将这种现象称为"情绪传染"。在同一个群体中生活，每个人的情绪变化都会影响其他人的情绪和心理状态，同时自己的情绪和心理状态也会受到来自这个群体中其他人的情绪影响，彼此间的情绪在相互影响。一个生活在快乐的、具有幸福感的环境中的人，他的心理发展往往是健康的，对生活充满了希望；而一个生活在敌对的、常常具有紧张情绪的环境中的人，他的心理健康发展往往是不健康的，对生活容易产生消极想法，同时也容易引发各种身心疾病和不良行为。

"踢猫效应"是心理学上一个著名的效应，这个效应描述的是这样的一个场景。一位老板上班前与妻子吵了架，到了公司就批评自己的员工，员工回到家中把沙发上跳来跳去的孩子臭骂了一顿。孩子心里窝火，狠狠去踢身边打滚的猫。猫逃到街上，正好一辆卡车开过来，司机赶紧避让，结果与老板的车相撞了。从这个效应中我们了解到，当人有不满情绪或糟糕情感时，会选择弱于自己或等级低于自己的对象来发泄自己的情绪，这种情绪传染给他人，最后产生系列的连锁反应。同时它也告诉我们，坏情绪是会传染的，所以无论是家长还是孩子都要学会调适情绪的技巧，遇到压力和挫折时产生的不良情绪要及时调节、合理发泄，学会对消极事物做出积极反应，避免不良情绪的传递。

孩子也抑郁了

随着现代社会生活节奏的不断加快，抑郁症已经成为精神类疾病中患病人数最多的一种心理疾病。作为一种精神科的常见病，抑郁症对患者及其家庭造成了极大的身心负担和沉重的经济压力。

一个人如果处在长期的抑郁情绪当中，也就很容易发展为抑郁症。抑郁情绪在现在的人群中常见，这是一种因为多种因素而引起的情绪，比如生理、心理以及所处的社会环境等。在一个家庭中，如果家长长期抑郁，孩子可能会想很多的办法来与家长相处。比如孩子想要照顾痛苦的家长，就在家中尽量表现自己做得好的事情，想以此来缓解家中氛围，或者是发脾气哭闹想引起家长的注意等，长此以往，孩子就形成了应对家中这种抑郁氛围的固定策略，慢慢地，他们就变得极度缺乏灵活性，在常人眼中看来会非常怪异，以至于这些孩子在长大成人后会出现各种社交困难。如果遇到他们应对不了的情况，孩子还可能会采用一些压抑的应对策略，产生消极想法。如："既然感情这么麻烦，那我就不要这东西了吧。""我不在乎，就不会难过，我做自己的事情也挺好的。""我其实并不需要别人的关心，这玩意儿有什么用呢？这世界并不会有人在乎我。"在这些消极想法的影响下，孩子的情绪也会持续性地受到不良影响，抑郁情绪不断增加。

为了我们自己，也为了身边重要的人，当你感觉到了抑郁情绪时，我们可以试着通过以下方法来调节：

1. 正确面对压力，学会调节

正确认知自身压力的来源，灵活调整自己面对压力时产生的想法。例如当你遇到不和谐的人际关系、不愉快的情感体验时，试着换个想法想这件事，或许会有不同的情绪感受；可以转换一下环境，如去户外散步、聚餐等；还可以丰富个人业余生活，发展个人爱好，如运动、娱乐等。这些都能帮助我们调节生活节奏，让我们从单一、紧张的氛围中摆脱出来，走向欢快和轻松。

2. 对自己建立合适的期望

人生就是一个不断实现期望和不断产生新的期望的过程，因而有时候降低期望值或果断地"放弃"一些不切实际的要求，也是获得可靠而又持久的幸福的必要条件。很多时候，我们愤愤不平，以为天下最不幸的人就是自己，感觉自己不幸福，其实那只是我们把对生活的期望值放得太高了。

金无足赤，人无完人。我们要学会建立合理的、客观的自我期望值，对自己奋斗目标的建立要合理。人的一生有无限的期望，在有限的期望满足之前以及原有的期望未能完全实现之前的每一个瞬间，都会不同程度地产生各种感觉。对自身建立合理的期望也是提高一个人幸福感的简单技巧。

3. 寻找自己的资源力量

我们在生活、工作中总会遇到各种各样的困难，迎难而上、不放弃的道理大家都懂，但是我们也都会因害怕失败，怀疑自己的能力而想要放弃。这个时候"成功日记"就可以发挥作用。翻看之前自己做成功的事，无论大事小事，回忆当时做事的状态和做成了的心情，会增加自信心。所以，这些成功的事情有必要记录下来，并经常回顾一下，从中获得积极的情绪。我们的大脑习惯了记忆痛苦的事情，对快乐的事情很容易遗忘。如果没有把它记录下来，可能你会轻易把这些遗忘。

生活中也有很多快乐的瞬间，我们可以把它们记录下来。当我们产生消极情绪时，可以多回忆一下那些美好的画面，它们可以使我们心情愉悦，忘却当下的烦恼。

4. 主动与朋友交往

与人交往，可以帮助我们从抑郁情绪中脱离出来。如果交往的朋友是正能量的，那么自身在情绪及思维方式上也会是正能量的。因为能量是会传染的，如果你想有所改变，想有所作为，那么首先应该做的，是去接近那些充满正能量的人，因为他们能让你意识到生活其实还充满着希望和无限可能。而更好的事情，是成为这样一个充满正能量的人，去改变、去吸引更多需要这种力量的人。

5. 合理宣泄自己的情绪

可以通过运动来宣泄自己的情绪。科学数据表明，慢跑可以刺激身体释放出大量的内啡肽和多巴胺、肾上腺素等神经递质，它是一种使人心情愉悦、安详、和谐及自愈的激素，与抗抑郁药物的作用相似，却没有药物带来的不良反应。

运动不仅是一种肌肉的锻炼，也是一种情绪的放松。经常锻炼的人，其思维的敏捷性也相对较高，往往能意识到自己在哪方面有缺点，又由于处在运动之中会把令人烦恼的东西丢在一边，转移了注意力，从而可以改变不良的情绪。

除了通过运动来宣泄自己的情绪外，还可以通过到户外进行游玩、观看风景、晒日光浴等，转移自己的注意力，以此来走出抑郁情绪。

临床上，有许多抑郁症患者不愿意出门，在家里也会把窗帘拉上。这样的人往往会阳虚，因此提倡多晒太阳。日光在调节人体生命节律以及心理方面也有一定的作用。晒太阳能够促进人体的血液循环、增强人体新陈代谢、调节中枢神经，从而使人感到舒适。日光照射会使人产生一系列生理变化，如红外线的热效应，会使毛细血管扩张，血液循环加快；紫外线可以使黑色素氧化。晒太阳还能够增强人体的免疫功能、增强吞噬细胞的活力。

情绪会被认同

　　小彭，五年级学生，性格敏感，有一次在家中与家人坐在一起看到电视剧里的搞笑片段，小彭被逗得哈哈大笑，但是爸爸对他说"你能不能不要笑得这么怪异，这么大声"。从那之后，小彭不敢再在爸爸面前笑得那么大声了，他怕因为自己的笑声而受到爸爸的批评，不被认可。慢慢地，他在家人面前表露情绪都变得格外小心翼翼。

　　我们每个人都生活在社会群体中，在家庭、学校群体中我们需要寻求认同，以满足人的基本需要中的归属与爱的需要。这种寻求情绪上的认同称为"群体情绪认同"，它是群体成员基于认识、评价及利益的一致性而建立起来的情绪上的特殊联系。它会使群体中的某个人（或一部分人）的情绪体验传给其他人，产生共同的感受并转变成行为动机去组织群体成员的活动。在一个家庭或学校群体中，有效的群体情绪认同能反映这个家庭或学校群体的人际关系发展和团结的水平。家庭或学校等群体的情绪认同有两种情况：一种是自觉的、积极的认同，即每个成员都在情感上把自己与整个家庭或学校融为一体，对家庭或学校所确立的目标有明确的认识，热爱自己的家庭或学校，与家人们或同学们具有共同向前的情感，这种情况就是情绪认同高水平的家庭或学校群体；另一种就是被动情绪认同，它只是由于"家庭或学校群体压力"，可以说是为了避免受到家庭或学校群体成员的歧视或被抛弃，而产生的从众行为。

　　当我们缺乏有效的情绪认同与互动时，会出现这样的一些情况，如：有时当我们感到悲伤、丧失期望时，往往会缺乏朋友、家庭成员给予的支持与理解；当我们感到激动、兴奋时，又会缺乏朋友的及时分享；当我们有误会时，可能也找不到人来进行有效的沟通和协商；当我们有想要完成的事情时，也可能会缺乏家人与朋友给予鼓励和帮助。于是，我们可能会因情绪受挫而陷入苦恼、痛苦或行动不便的状态。找到有效的情绪认同与互动，是改善自身情绪和身心健康的关键。有效的情绪认同与互动，不仅能够让我们更好地感知自身的情绪，更能够带来外部的支持和关怀，从而帮助我们更好地以正面情绪处理情况，并获得更多的满足感。

家长们可以在孩子表达出自己的情绪时共情他的情绪，让孩子感受到被认可、被接纳。孩子也会愿意将情绪与家长进行分享，增进亲子间的关系。

被动认同的压力

孩子为了避免受到来自家人或者同伴的歧视或抛弃，不被接纳的情况下而采取的一种被动的情绪认同，具备从众性。从众是为适应团体或群体的要求而改变自己的行动和信念的过程。它是指在团体或群体的压力下，个人放弃自己的主见而采取与大多数人一致的行为。我们平时说的"随大流"，就是一种从众行为。产生从众的原因是由于实际存在的或头脑中想象到的社会压力与团体或群体压力，个人产生了符合社会要求与团体或群体要求的行为与信念，因而不仅在行动上表现出来，而且在信念上也改变了原来的观点，放弃了原有的意见。在这种情况下所出现的心理状况会让孩子产生心理压力，他的情绪的选择是根据外在环境、同伴而进行的，长此以往，他自身的主动的情绪认同能力发展不够，慢慢地，容易失去表达自己内心真实情绪的能力。

主动认同的亲密

在社会群体人际关系中，每个人都需要与他人进行交往，由于个体所处的社会群体对他的吸引力大，在群体中能够实现个人价值，使各种需要得到满足，于是个体会主动地与群体发生认同，这种认同是自觉的。这种主动认同会增进与他人之间的亲密感，情绪情感之间的连接更为密切。

在日常生活中，可以培养孩子主动调动自己内在的积极心理力量，主动地去找到家人、朋友或其他靠得住的同伴，与他们面对面地交流，聆听他们的意见，表达自己的感受，给予孩子理解与支持，让他们从亲子关系中获得情绪认同与互动。同时也可以让他们多积极参加一些活动，这样就可以有机会认识到更多和自己有相同想法、兴趣、爱好的人，通过这样的活动，孩子们能够获得更多的情绪认同与互动，从而促进情绪的正向回应，增进他们的同伴关系。

情绪会被模仿

小吴，五年级学生，自己在班上交不到朋友，别人也不愿意和他玩，感觉自己的情感很淡漠，自己想交朋友，但是不知道怎么办。老师建议可以去观察班上同学在交朋友时的状态，比如面对好笑的事情时，他们的情绪反应是怎么样的，可以观察他们的面部表情、肢体动作和说话时的语音语调。然后自己去进行体验，理解他人的情绪。慢慢地，小吴也在班上交到了几个志同道合的好朋友。

从3岁开始一直到青春期，是培养情绪管理的关键期。情绪的发展大致分为三个阶段：第一阶段，情绪模仿期；第二阶段，情绪理解期；第三阶段，情绪管理期。在自然环境中，自动模仿他人的情绪可让个体保留更多的能力。在社会情境中，模仿行为也广泛存在，但更多地表现出社会化的特征。为了适应新社会环境，个体会无意识地模仿他人的行为，使自己更容易被他人所接受。

积极模仿提升共情能力

共情能力指的是我们能够感觉到他人的情绪、情感，能够理解别人所处的环境，能够"进入他人的心灵世界"，并且做出相应反应的能力。共情能力是体现孩子"情商"非常重要的一部分，有共情能力的孩子会被周围的人认为是"善解人意的小可爱"，而缺乏共情能力的孩子可能就会被认为是"冷漠的旁观者"。共情能力强的孩子明显会更加关心家人、朋友，更加在意自己的语言、行为是不是会伤害到他人，比如不会随意嘲笑别人、不会随意对别人挖苦讽刺。有共情能力会让孩子在社交场合更加"受欢迎"，更容易在学校里交到朋友，工作之后也更容易成为优秀的领导者。比如看到一个小朋友摔倒了，一个缺乏共情能力的孩子可能就会在旁边站着，什么也不做；而如果是一个有共情能力的孩子，就会想到自己摔倒的时候很疼，然后就会很自然地过去把小朋友扶起来，并且关心人家"你是不是摔得很疼"。

人际交往是共情产生的背景和环境，人际关系越亲密，共情能力会越高。孩子的社会化很大程度上是在亲子互动中进行的，亲子关系的质量会影响孩子的社会化、性格和共情能力等多个方面。孩子喜欢模仿家长，容易受到家长的影响，如果家长在照料孩子的过程中能经常表现出同理心，孩子也能逐渐建立起对他人的同理心。

很多孩子都会模仿父母的行为，看到父母怎么做他们就会怎么做。所以如果父母想培养孩子的共情能力的话，自己也是需要在孩子面前做好表率的。比如在孩子面前，对朋友、家人表现出关心、尊重，身边有人情绪不好了主动安慰对方，邻居有困难了主动帮助人家解决等，这些都是一种很好的间接影响孩子的方式。

想要提高孩子对他人想法的共情能力，家长首先要提高孩子准确理解他人想法的能力，这意味着我们既要培养孩子专注地听他人讲话，又要有技巧地让孩子学会重复对方讲过的话，即归纳并说出对方所讲的主要意思，并与对方进行核对，如果对方觉得你已经明白了他的话，那么双方的气氛就会改善，距离就会拉近，很容易消除警惕或紧张的气氛。可仅仅只是简单的归纳还是不够的，如果我们能进一步让孩子理解对方内心的情绪与感受，这样就会更好，双方的心会靠得更近一些。

这就要求家长平时要做好榜样的作用，首先自己要专注地听孩子讲话，当孩子讲完之后，还要试着重复孩子讲过的话，也就是上面我们讲的试着归纳并说出孩子所讲的主要意思，并与孩子进行核对，然后还要试着理解孩子内心的情绪与感受。

比如当家长听完孩子的讲话后，可以这样说："儿子，如果我没听错的话，你刚才讲的意思是……从你的话里我能够听出你很不开心，觉得特别失望，我理解的对吗？"所以，当家长能够经常采用类似的沟通方式与孩子进行交流的时候，孩子慢慢就能从家长身上模仿和学习到这种能力。

家长也可以和孩子共同阅读绘本，共同探讨绘本中主人公遇到了什么事，产生了什么情绪，然后联系自身将自己的情绪表达出来，慢慢地，孩子也能从绘本主人公以及家长身上模仿到处理情绪问题的能力。

构建良好的社会关系

一个人对另一个人的情绪进行模仿，会增加两者相互间对彼此的好感，模仿者在模仿时与对方产生了情感方面的共鸣，被模仿者也察觉到他人对自己的共情，以此就增加了两者相互间的社会关系。

在日常生活中，我们的父母可以有意识地多引导孩子关注别人的感受，特别是观察到孩子在共情这方面反应比较"迟钝"，或者整体给人的感觉"很冷漠"的时候。比如：带着孩子一起玩的时候，看到别的小朋友在哭，父母就可以引导孩子："你看看那个小朋友在哭呢，你说他是不是哪里不舒服了或者是碰到了不开心的事情呀？我们去关心一下他好不好？"孩子就能根据父母的言语，回忆起自己哭时的感受，与别的小朋友产生情感共鸣，增进同伴之间的关系。

还有一种场景在日常生活中很常见：孩子跟其他小朋友一起玩，结果孩子抢了人家的玩具，把小朋友弄哭了。有的父母可能会直接粗暴地吼孩子，让他把玩具还回去，但是或许有更好的处理方式。站在孩子的角度，与孩子共情，然后问孩子："你看小朋友哭了，因为你把他的玩具抢走了，那如果是你的玩具被其他的小朋友抢走了，你会有什么感觉？""你被抢玩具也会不开心对不对？那我们是不是应该把玩具还给人家？"

因为在儿童期的孩子，他们的自我意识是先发展的，所以他们可能不会关注别人的情绪，通过父母这种慢慢的引导，他们就会关注到别人的情绪，进而会愿意听父母的话做出"暖心"的举动，来建立起自身的良好社会关系。

PART 02
孩子情绪有效管理策略

　　"心宁则智生，智生则事成"，情绪管理对人的发展极其重要。在婴幼儿时期，由于生理发育尚未完善，大脑功能还未完全成熟，所以他们的情感反应和行为方式都是由具体事物引发的，并带有一定的自发性和盲目性。随着年龄增长，儿童会处于各种复杂而敏感的心理状态中，他们常常会产生焦虑、不安甚至愤怒等不稳定的情绪体验。这些情绪不仅会给孩子带来学习上的困扰，同时还会产生一些严重的不良后果。据儿童教育学的相关研究指出：6岁以前的情感经验对人的一生具有恒久的影响，孩子在这个阶段如果无法有效管理情绪，会很大程度地影响其今后的个性发展和品格培养。不仅如此，如果在关键期内无法舒缓自己的负面情绪，也会对孩子的身心造成很大的障碍。因此，家长要注意引导孩子学会合理调节情绪，并及时进行心理疏导。

策略一：允许孩子有情绪存在

4岁的莉莉经常对周围的事物感到害怕和恐惧，但又无法表达清楚自己内心的想法，只能不停地用哭声来宣泄自己的情绪。情绪是流动的能量，是人生天然的保护伞，也是孩子生命中不可分割的一部分，能够帮助他们更好地发展。作为孩子，应该被允许随意表达情绪，这样就可以让他们了解自己的情绪，并且可以使他们控制自己的情绪。除此之外，孩子还应该被允许表达负面情绪，因为情绪本身不是问题，家长需要关注的是情绪背后的原因。

做父母的，只要看见孩子哭了，总是爱给他讲道理，可你越是这样说，他越是哭得很伤心，一旦你发脾气了，他就必须冷静下来变"听话"了。而这些不被我们接纳的情绪并没有消失，它们只是被藏起来了，在孩子的心底默默生长，等到某一天，再也藏不住了，就会爆发出令人难以接受的破坏性。所以，家长看到孩子的情绪并无条件地接受，是指导他们管理好自己感受的首要环节。

有情绪很正常

情绪是人与人之间互相了解的最主要的线索之一。喜、怒、哀、惧是人类与生俱来的重要情绪，一个人有了这四种情感之后就能对周围事物做出判断和处理。孩子会因为遇到挫折或困难而情绪低落，也会因为考试失利感到沮丧甚至伤心，但只要一放松下来，立刻又精神抖擞。我们的情绪出现波动，说明我们的生活状态正在发生变化，我们正处在成长过程之中。因此，情绪对我们来说至关重要。

情绪是每一个人都会产生的正常心理反应，它是一个人生存与发展所必需的。在现实生活中，每个人都不可避免地会受到情绪的影响，而不同程度的情绪变化则反映着人们的思维方式和行为特征。情绪可以帮助我们解决问题。人都是通过情绪表达来让别人了解自己内心想法的，这有助于更好地进行人际交往。

情绪的界限

人与人之间是有界限的，而且必须要有界限，我们要区分"我的世界"和"你的世界"。著名儿童心理学家皮亚杰用"三山实验"论证了7岁前的儿童是自我中心阶段的儿童，只能用自己的眼光观察这个世界，并以为别人和自己所见相同、所感相同。

孩子见到家长发怒时，很自然地会认为与他有关，以为是因为他的缘故才引起家长发怒。如果父母的情绪界限不够明确，把气撒在孩子身上，就会强化这种想法。重复几次，情绪的界限就彻底模糊了，孩子有可能终身认为自己需要为别人的情绪或者为父母的情绪买单，也会把情绪推给对方，或者会担心对方会愤怒，害怕被波及而回避。

感情的边界，就是要明确地认识到感情属于感情表达或者发泄的人本身。作为大人，不能动不动就把自己的情绪发泄到孩子身上，那样不仅不会遵守情绪的底线，还会让孩子承受不该承受的情绪垃圾。

策略二：帮助孩子看见自己的情绪

培养情绪对孩子来说是非常关键的。我们应该引导孩子去思考如何看待和处理情绪问题，而不是一味地用语言来解决。很多家长总是抱怨自己的孩子没有办法解决情绪问题，其实这种抱怨只是一种消极的心态。情绪是人类最原始的本能之一，能够引发身体上或精神上的变化。只有当他们真正意识到情绪存在于自身之后，才能更好地去了解并解决问题。

说出孩子真实的情绪

说出情绪，对于孩子而言，是一件很有意义的事。儿童情绪的发展，是从感受开始的，接着是认知自己的情绪，最后会有意识地调整自己的情绪，这是一个完整的情绪发展过程。心理学家把这一发展过程叫"情绪能力"。因此，如果不让孩子经历这个情绪发展的过程，而是让孩子在对情绪的评判中长大，那么他学会的是掩饰、压抑自己的情绪，而不是让情绪自然地流淌，最终导致他们的情绪无法走向成熟，以至于被情绪牢牢地困住。

作为家长，一定要给予孩子充分的成长空间，因为成长本身就意味着经历各种情绪，没有"应该"和"不应该"，它只是一个人生命的一部分。我们需要教会孩子接纳每一种情绪，如果孩子不知道怎么描述自己的情绪，可以引导他们，帮他们说出来。

讨论情绪背后的需要

人为什么会产生情绪？心理学家认为，任何一种行为或者事物发生了变化，人们的情绪反应都会发生变化，比如一个人想要吃美食，就会变得非常兴奋。有这样一个说法：人的每一种情绪背后，都代表着一个未曾被看见的心理需求。情绪的出现根源在于我们的需要没有得到满足。每个人都有不同的物质需要和精神需要，都渴望做自己喜欢做的事。当这些需求没有被满足时，我们就会产生情绪。

也就是说，当家长看到孩子情绪失控后，要去思考一下孩子情绪的产生，是不是他的某个需求没有被看见、没被满足。当我们了解到这一层面之后，就不会再拘泥于让孩子停止哭闹，而是引导他学会合理地表达自己的需求。

策略三：给孩子冷静的空间和时间

让情绪"飞"一会儿

孩子有负面情绪是最自然的事情，接纳孩子的负面情绪，让他们的情绪"飞"一会儿，给孩子时间好好消化自己的情绪。这样，孩子才会在消化情绪的过程中认清现实，这才是父母能为孩子做的最温柔、最有益的事情。让情绪飞一会儿，也就是让情绪流动起来，运用情感的语言，准确地沟通内心的感受和状态。比如说，当孩子回家跟你说"妈妈，我今天好难过"，不要急着知道孩子难过的事情，而是允许这种情绪存在，并告诉孩子："我看到了你很难过，需要我抱抱你吗？"孩子的情绪，无论积极，还是消极，都需要流动和表达出来，才能获得真正的稳定和平静。所以"让情绪飞一会儿"其实是情绪的疏导，对孩子的心理健康有着积极意义，并更有助于身心健康。

安全空间的奇妙

所谓情绪的安全空间，其实是指对各种情绪的容纳度和接纳度。容纳度大则广度大，接纳度大则深度大。当孩子对某件事产生了消极、焦虑、害怕的心理，潜意识里会觉得这种情绪不该产生、不该展露，这正是对负面情绪的不纳不让。

要让孩子拥有足够的时间和空间来表达和释放自己的情绪，这对于孩子的成长是非常重要的。当孩子有情绪时，给他一个安全空间吧，可以跟他一起商量构建一个冷静空间，位置由孩子自己选择，里面的布置也由孩子自我创意，只要他生气时待在其中可以冷静下来就好。如果孩子觉得太空能让他平静下来，我们就和他一起绘制宇宙星河。当孩子控制不住情绪的时候，我们就可以建议孩子去自己搭建的冷静空间里待一会儿，让情绪自然流淌出来后，他自然就会恢复积极向上的天性。

策略四：进行丰富多彩的情绪游戏

情绪游戏的积极作用

　　游戏是一项轻松愉快、富有情绪色彩的行为，它在幼儿情绪情感发展方面都有着重要而独特的影响。游戏不仅可以促进孩子身心的健康发展，还可以让孩子学会自我调节、管理自己的情绪，进而增进自己对别人的信任度、提升自信心、建立良好人际关系等。有的小朋友爱玩模仿成人动作或者其他动物表情等伪装性小游戏，也有些孩子会用一些伪装性游戏来掩盖心中的不安。那些喜欢做冒险性或有仇恨性的伪装性游戏的儿童可以从中获得某种能力和力量，产生移情作用。实际上，它可能正在建立一种观察别人的情绪、表现或控制自己情绪的比较好的组织形式。2017年，牛津大学互联网研究中心在《心理科学》发表的一篇论文中，探讨了青少年接触电子屏幕的时长与主观幸福感之间的关联。研究人员最终发现：与看动画片、刷手机和上网相比，游戏对情绪功能的改善效果是最好的。

情绪游戏的类型

A. 艺术性表达

涂鸦

儿童时期是人从事艺术活动的一个特殊阶段之一，也是人生初级阶段个体表达自己对世界认识的一种独特途径。

涂鸦游戏就是儿童在合适的情境下，通过和丰富多彩的涂鸦材料进行直接接触和交互作用，对其进行充分的感知、操作、体验和表现，享受涂鸦带给人的信心和乐趣。由于儿童的发展水平不高，涂鸦游戏能成为呈现儿童内在真实思想和丰富情绪体验很好的媒介。幼儿在掌握文字表达方式前，较多地采用造型艺术形式并借助符号、线、色和以物代物的手法演绎内心世界，抒发喜悦之情，宣泄内心不平之情，刻画奇思妙想的梦幻境界。

情绪涂鸦属于表达性的艺术治疗手段。我们的大脑中存在着理智和情绪两个通道，有时我们的问题能从理智层面得到解决，有时理智走不下去了，就得走情绪通道。情绪涂鸦是一种不用借助头脑进行理智思考就能提笔使自己情绪情感得以流动、笔尖直随心情并自己随心画出来的情绪表达方法。

请为孩子准备一面涂鸦墙或者尺寸大一点的白纸，允许孩子随意作画，表达他内心的情绪吧。

曼陀罗绘画

曼陀罗绘画最早由分析心理学学派创始人荣格开创。荣格认为，曼陀罗绘画具有整合心理分裂、加强心理和谐与人格完整的功能。他认为曼陀罗的创作过程是一个自我治疗的过程，将情感、情绪以及内在心理需求，通过曼陀罗绘画表达出来。

曼陀罗是一种特殊圆圈，孩子们能够在活动中完成一幅专为自己设计的曼陀罗作品，不是为了画出多美的曼陀罗作品，而是要在这一过程中学会放松和体验眼前的美好。

首先为孩子准备好工具：曼陀罗画纸（可在网上下载打印）、彩色笔、一个安静舒适的环境、播放轻音乐放松心情。

然后引导孩子安静地坐下来，听着音乐，开始填色。当孩子遇到困难，不知道如何进行时，家长可以多鼓励，但不能代替孩子去完成。

绘画结束后，家长引导孩子讲述绘画过程的感受、想法。

最后，可以在家里找一个地方，把孩子自己完成的曼陀罗挂在看得见的地方，一起来欣赏它。

家庭音乐会

在我们的生活中，音乐无处不在，除了娱乐之外，还能给人以美的享受和熏陶，是促进心理健康的一种手段。音乐可以直接影响我们的心情，改善情绪，缓解焦虑、抑郁的状态。研究表明，人在聆听音乐时，能够让人的身体和心理指标（如焦虑、疼痛、心率、血压和唾液皮质醇浓度）产生积极的变化，从而有效地促进心情的稳定，减少紧张焦虑，促使人达到放松的状态。我们在参与音乐活动时，不仅能够引发我们的心理情绪变化，还可以增强人体的免疫力。

父母可以和孩子商量举办一场家庭音乐会，制定音乐会的主题（如春天、阳光、飞翔等主题），在引导孩子策划音乐会主题的过程中，还能锻炼孩子独立思考的能力，同时增进彼此的交流。

确定主题之后，使用蜡笔、水彩笔和其他颜料来设计音乐会海报。（这一环节如果是爸爸妈妈带着小朋友们一起来做，就更加有趣了！）

再由家长和孩子一起决定曲目并选择和主题有关的曲目来唱/奏，鼓励孩子通过各种途径来表现。

在正式表演的日子里，可按照孩子们的思路简单地安排场地，使音乐会更具仪式感。

B. 阅读性表达

写励志语

每天早晨起床后，你通常会有什么情绪？是快乐还是烦闷易怒，或介于这两种心情之间？没有人可以一直快乐，每个人都会有情绪变化，包括孩子。我们控制不了自己的情绪，但是却能控制自己的行为。

每天孩子起床之前，可以给他讲几句加油打气的话语，这有助于孩子更加重视积极的事情，进而提升情绪。孩子醒来后，从家长那里得到了最诚挚的祝福和鼓励，接下来的一整天都会给他带来美好的心境。

从以下语句中选择一个作为励志语告诉孩子。

· 这一天真好。

· 我们的生活开心、健康又安稳。

· 所有人都非常喜欢你。

· 你热爱学习。

· 你是个好孩子。

· 只要用心，你可以做任何事。

· 你尽力做到最好就好，没有人是完美的。

· 你很善良。

· 你关心他人和我们的地球家园。

家庭公约

家庭公约的核心就是通过家庭会议了解家庭成员间的真实需要，特别是心理需要，并通过增进交流和相互理解来控制自己的情绪和调节家庭氛围。

三个步骤：

1.平等沟通 协商制定

爸爸妈妈爷爷奶奶，包括小孩，每一个家庭成员都应该坐在一块讨论制定，都赞同的东西都可以写入公约。

2.认真执行 保证效果

公约制定容易，开个家庭会议，3~5条就出来了，关键是执行，一旦公约制定后，家庭每个成员必须遵守。家长要带头执行，执行不到位要给予处罚，一定要保证效果。

3.观察改变

公约制定后，在执行的过程中，每个人都要认真观察，孩子观察父母，父母观察孩子，确实不适合的条款要及时调整，以保证公约的执行效果。

父母教育孩子的榜样力量不够，往往是家庭矛盾产生和孩子不听话的根源。解决儿童问题要求家庭全体成员都参与其中，不能通过儿童独自做出行为改变。家庭公约是实用、有效和科学相结合的产物，它通过家庭成员共同建立起相互激励和平等约束的有效机制来纠正非语言行为，实现强化成员情绪管理，化解家庭冲突，重构家庭秩序，增添家庭温馨，增进家庭幸福，帮助孩子成才。

C. 肢体性表达

运动

众所周知，运动可以产生许多益处，例如使肌肉更加健壮、使人体拥有更多的精力、控制体重和改善睡眠。在此基础上，运动既可以增加积极情绪，又可以降低消极情绪，从而获得双重好心情。喜欢运动和常运动的人会更快地从抑郁和压力这些负面情绪中解放出来。

《世界日报》上曾发表过一项研究：经常运动的人，快乐程度要比"四体不勤"的人高52%。德国柏林自由大学的医生对5例重度抑郁症中年男性及7例女性进行了9个月的跟踪调查。他们发现，药物在病人身上的作用相当有限，甚至没有效果。但是研究者让病人每天跑30分钟，并在10天的运动过程中逐渐加大运动量，结果10天后有6例病人表示抑郁情绪明显好转。生理学研究证明，运动可使人体释放出一种叫"内啡肽"的化学物质——我们常说的"快乐素"，这一物质不但可使人心情愉快，而且可极大地增加能量供应，使精力充沛。

越来越多的有力证据表明，运动不仅能改善人的心理情绪，还能促进人的心理健康。每周做三次15~20分钟的有氧运动，会看到"长期的、更深刻的"好处。

舞蹈

适量的跳舞可以舒缓神经肌肉的紧张，从而得到安神定志的效果。我国古代很早就已懂得运用舞蹈来治病和养生，他们创造舞蹈的目的非常明确，就是为了解决人们的情绪抑郁和筋骨不适。我国汉代名医华佗发明的"五禽戏"，实际上就是以舞蹈形式达到涵养血脉、流通气血的效果。

跳舞可使大脑的思维活跃起来，常常随着旋律荡动身体，从而消除大脑的疲劳，活跃头脑。跳舞能舒缓心情，在孩子心情烦躁和焦虑时，家长可带领孩子用轻盈的节奏进行约15分钟的舞蹈，能稳定孩子的心情，延缓神经肌肉紧张程度。另外，还可在音乐中进行其他活动，比如弹钢琴或打太极拳等。这些都能对孩子的心理产生积极作用。

D. 生态性表达

养植物

研究发现，绿色植物的栽培与接触对心理健康具有缓解压力、降低抑郁感、加强社交能力、恢复注意力、改善认知能力、改善情绪以及提升自信心等多方面的益处。

照顾植物可以帮助人们摆脱消极的想法或情绪。每个人都有一些小情绪，比如快乐、兴奋、悲伤、沮丧或平静。父母可以带领孩子在家里种上一些喜欢的植物，当孩子心情不好的时候，看看自己种植的花花草草，也能在一定程度上缓解不良情绪，有的植物还自带疗愈功效，比如，薰衣草是公认具有镇静，舒缓，催眠作用的植物。最常见的还是紫色花蕊，花香清新淡雅，经常闻可以缓解压力，有效提高睡眠质量。它能舒缓紧张的情绪、镇定心神、平心静气，闻嗅薰衣草提炼出来的精油还能降低动脉压的平均水平，对调节负面情绪有很大的缓解作用。

养植物还能促进新陈代谢，保持身体健康，培养乐观开朗、积极向上的性格。所以说，如果你想给孩子一个良好的成长环境的话，不妨多种植一些植物。

养小动物

动物是以人为中心的生物圈的一部分，通过养动物来缓解心理不适，就是利用人与动物之间的互动关系，让人变得心理平衡，是一种有效的缓解心理不适的方法。心理专家指出"每一种动物参加治疗时都会产生特别的治疗功效，例如养猫就能治愈抑郁症；养鸟能治神经症；养马可调治焦虑症；养鱼能治紧张型强迫综合征等等"。

动物具有人类无法代替的功能，对于儿童孤独症的治疗来说，小狗能够发挥至关重要的治疗作用，如果条件许可的话，让抑郁症患者饲养宠物就是一种很好的方法。

动物为何会在人们心理上产生如此重要的作用？

心理学家认为，人与动物之间存在着一种类似人与人之间的依恋关系，也就是满足了依恋的四个要素：亲近寻求、安全港湾、安全基地和分离痛苦。首先，人会主动寻求和动物的亲近，例如渴望撸猫的那种温暖感；其次，在自己焦虑和忧心的时候，动物会成为我们的安全港湾，给我们情绪安慰和解压。此外，动物还是一个安全基地，经常以无声的目光给予主人鼓励，使主人能够满怀信心地工作和放心地探索这个世界。

E. 想象性表达

正念冥想

在日常生活中，当孩子出现焦虑、抑郁等负面情绪，上床后辗转反侧难以入睡，或者孩子在经历不良事件后的痛苦体验程度较高时，我们可以带着孩子尝试进行冥想练习。

正念冥想是有意识、非评判地将注意力集中于当下经验的自我调节方法，核心特点在于"有意识地觉察、关注当下"。近年来，正念冥想作为一种减轻压力和增进幸福的方法已经得到了广泛应用。每天坚持冥想，甚至可以影响我们的人生。

具体方式：

让孩子找一个安静、无人打扰的地方，坐下。将身体坐直，但不要用力绷着后背。头要保持端正，肩膀和手臂放松，慢慢将双手放在膝上，双脚平放在地上。

在选择好坐姿、感到放松的时候，闭上眼睛，深呼吸。感受胸腔的起伏和腹部的扩张与收缩，将自己的身体想象成一个气球，不要控制呼吸，让气息自然而持续地进出你的身体，以降低大脑神经的兴奋度。

持续保持专注的呼吸并不是那么容易的，有时我们会分心，脑海中不受控制地浮现出各种想法，脑神经又产生兴奋的趋势。这是正常现象，不必因此感到沮丧，或者退出训练。当发现自己走神时，不要做任何评判、任何分析、任何反应，把注意力保持在呼吸上就好了。只需将这个过程想象成自己坐在马路边看着路上的汽车来来往往的画面，让它们进来，也让它们出去。你不去理睬这些想法，它们就会慢慢消失。

正念冥想初学者每天的练习时间在5~10分钟为宜，之后再逐渐增加到20分钟或更长。孩子可以根据自身的情况进行每日练习或隔日练习，形成固定周期，尽量不要中断，因为冥想是一个循序渐进的过程，一旦中断，就要从头再来。

故事续编

情绪对于日常生活中的诸多方面乃至我们的存在都有着举足轻重的影响。情绪为我们提供了行动的能量，同时还影响着我们的记忆力、创造力、注意力、沟通和人际关系。此外，我们的情绪系统还与包括免疫系统在内的所有其他系统相关联，影响着我们的健康。正因为情绪对我们的生活影响深刻，所以教导孩子更深刻生动地解读这些信号极为重要，情绪故事的续编就可以达到这个效果。

举个例子，我们可以简单地完成一个情绪故事续编。

首先，家长可以和孩子一起制作一张情绪海报，包括我们日常生活中常见的情绪状态。情绪海报分为两个部分，一部分情绪是舒服的，一部分情绪是不舒服的。

然后拿出一张A4纸，在纸上写下这句话："今天我觉得（感受的形容词）是因为在（地点的名词）里找到了一个（物品的名词）。"

请孩子们填入空出的词语，使内容有意义。填完后，大声读出来。这样填空的句子可编造出很多有趣的故事来。

通过这个游戏，孩子可以学习如何理解一个人的情绪。这种理解力对于其社交能力以及情绪掌控都是至关重要的。如果孩子对自己的感受不确定，可以提醒他用我们的情绪海报，通过情绪海报找到正确的词。

策略五：父母做好情绪管理榜样

情绪教育在家庭教育中占据着举足轻重的地位，情绪平稳的家长很难养出焦虑和脾气暴躁的儿童。每个问题孩子的背后，多半都是情绪化的父母，教育的目的是帮孩子成长，不要让自己的情绪随意发泄。

每个孩子都是在犯错中成长，父母应该学会在自己的大脑里装一个"按钮"，一旦发现控制不住自己的情绪了，立即启动正确预案：放低音量、语气放慢，命令自己抓紧调整情绪，接纳当下或者离开现场，冷静下来就会明白，焦虑的背后是对孩子的现实和预期之间的落差，是期望值太高了。而在成长的路上犯错是常态，父母能做的就是把自己做对，给孩子当榜样，在孩子面前最靠谱的事儿是让自己出彩和优秀！

拥有面对孩子情绪的勇气

每个孩子都会有各种各样的情绪，当情绪被父母看到并接纳时，孩子才能够在自己的情绪中走出来。例如，孩子哭着发脾气是因为他想吃东西，这时你也许会感到很厌烦，甚至生气。但如果此时你先停下来，用平静的语气问他："宝贝，你为什么哭？"抱一抱孩子，然后告诉他："妈妈知道你现在很生气，但是妈妈希望你可以好好跟我说说。"这时孩子会觉得自己被理解了，也就不会那么生气了。

成人和孩子都有自己的情绪，不能总是理性。因此家长们需要做的并不是急着发表自己的意见与看法，而在于首先弄清楚孩子当时处于一种怎样的状态，其背后的真实原因究竟是什么。

处理情绪的关键是"先处理情绪，再处理事件"。情绪感受没有处理，谈事情细节不会有效果，甚至有时还会使情绪更大。其实孩子被允许用哭释放疼痛和恐惧时，就已经好了大半。没有被命令"不许哭"，没有被要求坚强勇敢，就是自然真实的表达。有了接纳允许、理解和爱，孩子的情绪很快就平复了。

父母照看好自己的情绪

父母是孩子的第一任教师，父母的一言一行都会给孩子带来深远的影响。因此，无论我们碰到什么事，在解决问题之前，要尽量稳定情绪。很多时候，我们之所以发火，是因为看到了自己身上存在着这样或那样的问题，却一直没有去改变。这时就需要多提醒自己"我要改变"。

同时需要注意的是：无论遇到什么事情，都应该保持平静冷静，先处理情绪再处理问题。在生气之前深呼吸几次，然后想想该怎样去做才能解决问题。如果实在控制不住，就先离开现场，冷静下来再理智地面对问题。只有这样，才能真正地解决问题，千万不要让愤怒主宰了自己。

情绪管理需要学习

育儿过程中不可避免地会遇到许多问题，如果此时父母自己都控制不了情绪的话，那么孩子就会有样学样地采用这种方式。因此，家长应该学会运用自我管理、情绪管理等手段，对自己进行约束。首先，要学习情绪管理的相关知识，如学习如何表达情绪、如何调节与管理情绪。当然，想要学好这方面的知识，还需要加强自我训练。

举个例子，情绪表达三步法。

第一步。描述事实。像摄影机一样，实事求是。

第二步。表达情绪：陈述自己对行为或可能后果的感受。

第三步。陈述理由：因为……

举例：下班回到家，时间已经接近9点了，你看见孩子写作业磨磨蹭蹭，一项作业都没完成。合理的表达如下：

第一步：描述事实。把画面定格在你看到的内容上，看到什么就说什么，不带任何评判、评价。你可以说："我看到现在9点钟了，你的语文作业做了一项，还有两项没完成。数学作业做了10道，还有10道没做。"

第二步：表达自己的情绪。你可以说："对此，我感到不高兴、有些生气。"

第三步：说明原因。你可以说："因为9点30分要上床睡觉，你还没洗漱，一会儿你的作业可能来不及做，这样明天老师会批评你，你的成绩可能也会受到影响。"

这种表达方式是一种相对平和的表达方式，不带感情地表达出来，让孩子感觉受到了尊重，孩子也不会觉得受到了攻击和否定。

当你能做到通过改变自己来控制和调整好自己的情绪时，那么孩子自然也就不会去做一些不恰当的事情了。正所谓父母是孩子最好的老师，因此想要培养一个优秀的孩子，我们首先就要做好他的老师。

策略六：有效评估孩子管理情绪的能力

　　孩子的情绪问题让许多父母都很苦恼，只要看到他们哭或发脾气，父母就会认为他们又干了什么坏事，会不会又要出什么问题了。

　　如果父母能够及时发现孩子情绪的变化与发展，知道是怎么一回事，就可以更好地帮助孩子发展。

孩子情绪产生的情景

　　情景1：早上起床发现自己上学要迟到了，会突然发脾气或者责怪家长。

　　情景2：在学校跟同学闹矛盾了，回家后情绪低落。

　　情景3：学习上遇到困难，情绪会焦虑、暴躁。

　　情景4：有些孩子就喜欢和父母对着干，父母让他往东，他就想要往西。

孩子情绪产生的影响

　　情绪在孩子成长和发展过程中起着多方面的作用，父母若能理解孩子的心情，就能够更好地帮助孩子管理好自己的情绪。例如，当孩子出现焦虑或者抑郁的负面情绪的时候，若一味指责孩子"为什么会那么无用、那么大意""为什么那么不堪一击""为什么不能让自己快乐一点呢"，就容易使孩子产生自卑、无力感等，进而影响他们健康人格的形成。

家长可以引导孩子把负面情绪转化为动力，通过努力来实现自己的目标或达到理想状态。比如当孩子被老师批评时就会想"我下次一定要好好表现"，或者想"我现在就要努力学习"。因此，父母若能教会孩子一些转化情绪的技巧或者方法，将有助于孩子对消极情绪进行更有效的管理。

父母可以把名人、成功人士在生活中碰到不开心的事之后如何应对、调整情绪的经历分享给孩子，让他知道面对相同状况时应该采取何种方式。

孩子情绪产生的强弱

情绪对于我们而言，是很有意义的。我们在遇到不良情绪的时候，必须及时地调整好自己的心态，并且学会在生活中管理好自己的情绪。

如果父母总是关注孩子的表现而不是观察他的行为的话，孩子很难区分自己和他人之间发生矛盾冲突和生气是不同的。此外，父母若能将情绪划分为生理反应、思想和行为三个等级，则孩子对情绪的认识会更深刻。比如，孩子上幼儿园时摔玩具或打别人，有的家长会认为孩子打玩具和打别人时有问题，忧心忡忡，焦虑不安；但如果父母明白这些仅仅是行为层面上的改变，就不必忧心忡忡、焦虑不安。

又比如，孩子无端发脾气，也许只想宣泄内心的不满，家长们若能及时地发现这方面的问题，加以指导，鼓励他们去面对和解决问题，就更容易让他们安心了。

孩子处理情绪的方式

当孩子的情绪产生问题时，可以采用以下三种方法进行处理。

A. 自我安慰

孩子受到挫折或失败后，会感到非常失落，这就是孩子在情绪方面表现出问题的原因之一。因此，家长应该多鼓励孩子发泄心中的不快与郁闷。这样做不但能减轻孩子的痛苦，还可以帮助孩子树立信心。另外，家长要注意培养孩子良好的生活习惯，经常提醒孩子注意休息、不要熬夜等，以减少孩子内心的焦虑。同时也应告诉孩子一些心理上的疏导技巧，以便于缓解孩子的心理压力。这些对孩子来说都很重要。

B. 转移注意力

当孩子出现不愉快的情绪时，家长可以通过其他事情来转移孩子的注意力。比如，"今天天气不错，我们下午一起去公园玩一会儿吧！"

C. 积极倾诉

当孩子的情绪处于消极状态时，家长可以试着鼓励他把心里不愉快的事情说出来。家长应该让孩子知道："任何负面情绪都是正常的！"

孩子对自我情绪的认识

孩子对自己的情绪会有一些认识，比如，有的孩子会说"我是伤心的，因为我哭了"；或者"我生气，因为我想要得到玩具"。同时也可能会有一些表达："我生气了，因为你做的事让我感到伤心。"

我们通过观察和了解孩子对自己情绪的认识，然后和孩子一起来讨论解决的办法。比如，让孩子看到自己的情绪是怎么来的；他为什么会生气，以及如何控制和消除它；或者是和家长一起来讨论，该怎么做才能帮助他更好地控制自己的情绪。

这个过程中需要注意几个问题：

A.要让孩子看到你在努力去理解他现在的感受。

B.要让孩子知道，父母对他们情绪的关注度是非常高的。

C.不要把事情看得太重。

D.要让孩子明白什么才是最重要的，而不是太在乎别人的看法或评论。

E.不要用说教代替谈话。

F.不要强迫孩子接受现实。

G.不要告诉孩子"你这种情绪不好"。

H.不要强行说服孩子改变想法。

总之，情绪管理是一件非常重要的事情，只有做好这件事，才能使孩子真正意识到自己的价值并为之奋斗！我们相信，通过以上这些方法，可以有效地改善孩子的情绪状况，从而促进其健康成长！

PART 03
特殊孩子情绪有效管理
(多动症、高功能自闭症等)

　　特殊儿童包括患有孤独症、孤独症谱系障碍、广泛性发育障碍、智力障碍、脑瘫、调节障碍、注意障碍、其他特殊需要等情况的儿童。特殊儿童在认知方面远远低于正常儿童，对于外界事物的刺激往往感受慢、感受范围狭窄，导致认知、情感、意志等很多方面发展的不协调，负面情感体验强烈，影响特殊儿童面对挫折的能力，造成情绪和行为出现问题。产生情绪行为的原因主要有生理和心理因素、家庭因素、学校和社会因素。特殊儿童在接受教育的过程中，存在情绪感受严重脱离现实的现象。特殊儿童以一种妨碍教育解决问题的操作和自我表现挫败的方式应付外界事件，这就叫情绪障碍。因此，针对特殊儿童的情况，我们需要对其情绪来源、发泄方式的表现加以了解和观察，寻找合适的方法，对他们进行有效的帮助。

一、了解特殊症状的情绪功能

情绪是个体对客观事物和自身需要的反映，即人对于客观事物是否符合其需要而产生的体验，也是对环境的某些变化做出反应的结果。情绪能力在特殊儿童的人际交往、社会适应、心理健康等方面发挥着重要的作用。特殊儿童的情绪是比语言更能反映孩子心理状态的信号，当真实的自我呈现出来不被理解或者认可时，孩子就会处在一种无助的情绪状态之中，所以我们需要了解特殊孩子的情绪，来帮助他们进行有效管理。

多动症

注意缺陷与多动障碍（ADHD），俗称多动症，是一种起病于儿童时期，以与年龄水平不相称的注意缺陷、行为多动和情绪冲动为主要表现的神经发育障碍。多动症儿童在社会交往方面存在困难，和父母、老师同伴相处的过程中，他们往往表现出爱捣蛋、引发冲突的行为，这和他们情绪识别的能力密切相关。

多动症问题的情绪困扰有以下特点：多动症儿童常常情绪不稳，容易波动，极易冲动，做事凭兴趣，容易感情用事；情感发展缓慢、幼稚、不成熟，对自己感兴趣的事物容易过分兴奋、激动、手舞足蹈、忘乎所以；道德感、理智感、美感等高级情感薄弱，情感的效能作用不强，对赞扬和奖励的反应不强；意志脆弱，稍受挫折，则易激怒、发脾气、哭闹，表现为任性；不能控制自己，产生异常情感，极易受外界影响而变化。

在日常生活中，多动症儿童的坏情绪可以表现为以下特征：

1）焦虑情绪

焦虑是一种内心的紧张，预感自己可能将遭到不幸时有的情绪。多动症儿童因上课不能集中注意力听讲，不能掌握所学的知识，作业做不完，考试成绩差，害怕被老师批评、被同学冷落和嘲笑，担心家长责备和惩罚，内心十分紧张，焦虑不安，而自己又无法克服，情绪焦虑严重，故而把学习当成是一项沉重的负担。

2）易激惹

激惹是指各种轻重不等的发怒倾向，也就是发脾气。多动症儿童的一个严重缺陷是不能控制自己的情感。当自己的行为被限制或被干涉，或者自己的愿望或要求不能得到满足时，就会不高兴、发脾气，也不能按规矩行事或等待。

3）自卑情结

大多数多动症儿童的学习成绩不理想，同时又有不规范的行为，经常会遭到指责或批评，久而久之会感到处处不如别人，产生悲观失望情绪和自卑心理，感到灰心丧气、没有前途、闷闷不乐，也没有好朋友，感到孤独，从而产生逃学、出走，甚至轻生的念头。他们反复体验到失败和挫折，对环境的改变充满无力感，对曾喜欢的事物失去兴趣，自尊心相当脆弱。

4）对抗情绪

多动症儿童在家中因为制造的麻烦较多，故而经常遭到批评、斥责甚至体罚，亲子关系紧张，他们会出现逆反心理，对抗家长，离家出走。在学校也常受人冷落、批评，所以不愿意和同学、老师接近，逐渐不愿意参加集体活动，严重者会用说谎、逃学的办法来对抗老师和不良的社交处境。

自闭症

自闭症又称为孤独症，是一种以社会交往障碍、语言发育障碍、兴趣狭窄和行为方式刻板为主要特征的先天性大脑发育障碍性疾病。

自闭症儿童与一般儿童一样都有情感，但是他们不太明白他人的感受。自闭症儿童对六种基本表情（喜、哀、怒、恐、惊、噩）的视线扫描路径无法正常进行，他们的视线扫描路径比普通儿童的视觉视线要低。他们具备以下的情绪、情感特点：

1）情绪体验简单，高级情绪出现很晚，而且浅表、短暂

人的基本情绪大致有喜、怒、哀、乐、悲、恐、惊等，这是最简单的情绪。这些简单的情绪自闭症儿童都具有，但自闭症儿童的情绪发展停留在简单情绪上，缺乏高级的复杂情绪，像自豪、羞愧、内疚、轻蔑、尴尬、懊悔等复杂情绪，对于自闭症儿童来说往往很难发展。即使有的复杂情绪能出现，也出现得非常晚，远远落后于正常的同龄孩子。由于缺乏这些复杂情绪，他们对他人的情绪、情感无法认知，也难以和他人交流感受，产生情感上的共鸣。

2）情绪冷漠，主观体验贫乏

主观体验是情绪的重要组成部分，而自闭症儿童的主观体验相当贫乏。他们的大多数情绪是由低级的生物功能引起的，主观体验肤浅、简单。正因为主观体验贫乏，所以自闭症儿童表现出情绪冷漠的特点。

情绪冷漠是自闭症儿童最明显的特征之一。他们经常避免与他人的眼神接触，表示出茫然和冷漠；不主动与他人接触，也不愿意和父母接近。

3）情绪并非针对具体的人和事情，具有弥散性

正常儿童的情绪产生有明确的刺激对象，例如，被老师批评了感到伤心，考试考得好感到高兴，委屈了觉得愤怒，上台演讲前感到焦虑。一旦刺激解除，情绪就会发生改变。但自闭症儿童的情绪有时并没有明确的刺激对象，情绪的发作并非针对特定的人和事情，具有弥散性，所以常常让周围的人觉得非常突然，猝不及防。有时他们会产生一种在正常人看来是莫名其妙的、可能与幻想有关的恐惧和焦虑。

4）情绪不易控制，爆发频繁，表达方式简单

一方面，自闭症儿童情绪冷漠；但另一方面，他们又情绪暴躁，喜怒无常，不易控制。由于存在明显的语言发育落后及社会交往能力的障碍，他们的情绪表达方式往往很简单，只会用哭闹、尖叫、发脾气，以及自伤、攻击他人等冲动的方式来表达他们的情绪反应，严重的会有撞墙、扯头发或咬手等自伤行为。正常儿童的表情丰富而准确，他们可以借助于面部表情、动作表情、言语表情等多种方式表达同一种情绪，而自闭症儿童的表情则简单而粗暴。

正常人的情绪表现和刺激事件、刺激情境都是对应吻合的，例如高兴了我们会笑，伤心了我们会哭，狂喜时我们会手舞足蹈，悲痛欲绝时我们会号啕大哭，这些都是适宜的。但是自闭症儿童的情绪很不稳定，有时会表现出极不适宜的、异常的、激烈的情绪反应。比如，有时候会在兴奋的气氛下哭泣，也会在悲伤的气氛下欢笑，一点点小事就会让他们暴跳如雷。

5）情绪不能转化为持久的心境和情感

所谓心境化，就是情绪反应相对持久稳定，情绪反应的时间明显延长。也就是说，情绪一旦被激发，即使刺激消失，还会转化为心境，持续一段时间。随着年龄的增长，正常儿童的情绪体验逐渐加深和延缓，出现心境的体验。例如，有的孩子在受到批评后并没有当场发作，却在事后为此闷闷不乐好几天；有的孩子一次考试考得很好，会为此高兴好几天。但自闭症儿童缺乏这种心境的体验，他们的情绪转换迅速、极不稳定。

自闭症儿童的情绪不能转化为持久的心境，更难以发展出高级的情感，由此形成一个恶性循环。

6）情绪和情感易多变，并有时伴有"病态性"

自闭症儿童的情绪和情感体验与幼儿差不多，较原始，体验不深刻，不稳定，好像六月的天说变就变。例如，常见他们忽而活蹦乱跳，手舞足蹈，兴奋不已，忽而又莫名其妙地号啕大哭起来。并且，自闭症儿童有时还表现出病态性的情绪和情感特点，例如，有的极易激怒，一些微不足道的小事都可能使他愤怒；而有的则表现为情绪极度高涨，整日乐呵呵，笑嘻嘻，没有什么痛苦事；或相反，表现为另一极端，情绪低落，对任何事情都漠然视之。

7）情绪和情感具有"不协调性"

自闭症儿童由于思维缺乏灵活性，自我意识发展慢，不能很好地控制自己的情绪和情感，所以他们的行为更多的是随着机体的需要和习惯而变化，很难根据环境的变化和实际的需要来协调自己的情绪和情感，改变以往的愿望和要求。自闭症儿童情绪和情感体验的强度与引起情绪和情感的外部作用的强度不协调，常常因一些微乎其微的小事而烦躁不安。他们爱哭爱笑，而使人伤心或使人发笑的事却未必能引起他们相应的情绪体验。

他们无法把自己的情感用恰当的方式表达出来，在许多情况下，他们的情绪表达以一种与他们年龄不相称的、不恰当的行为方式表达出来，而不是真正缺乏感情，比如，会不分场合的自言自语或大喊大叫，这实际上是悲伤、惊慌或恐惧的信号。当他们想尖叫时可能并未想伤害任何人，只是在传递一种情绪信号。

💡 心智发育迟缓

心智发育迟缓表现为行为、思维、语言水平都比较幼稚，与同龄儿童相比差距明显，常伴有流口水、感统失调、注意力不集中、多动、抽动、学习困难、行为无目的性、情绪不稳、经常大吵大闹、无端摔（拆）东西、对立违拗情结的一种或多种，少数会伴有癫痫。

智力发育迟缓儿童对高层次情感的协调能力差；情绪不稳定、易冲动，常变现为心情不佳；有的缺乏热情，态度冷漠；但也有的表现为热情、真挚；情绪容易出现极端表现。

1）情绪不稳定，缺乏良好的情绪控制能力，易受激情的支配

心理学家吉尔福特认为自我控制的本质是个体在具有不同价值的行为中进行选择的过程，是工作系统和情绪系统不断"抗衡"的过程，语言能力帮助人们使用抽象的思维方式思考问题，使得工作系统"战胜"情绪系统，实现有效的自我控制。

智力障碍儿童由于认知缺陷，思维具有直观具体和概括水平低的特点。一般来说，程度严重的智障儿童，其心理和思维的发展固着或停留在感觉运动期，中度智力障碍儿童的发展不会超过前运算期的直觉思维阶段，这一阶段的儿童多以自我为中心，不能对事物做出客观分析和处理，因此智力障碍儿童对所发生的事情缺乏理智思考，而习惯受激情的控制。例如，他们想到某处去玩，在由于某种原因去不了的情况下，他们还会坚持要去，用一个更好玩的地方代替都不行。概括而言，"智力落后儿童在情感控制方面的发展又差又慢，他们情绪的调节和控制能力还更多地受机体需要和激情的支配。他们难以按照社会所要求的社会规范或道德标准来调控自己的情感和行为，也难以根据环境的变化和实际需要协调自己的情感，改变已经产生的欲望和要求"。

2）情绪以满足低级的需要为主，情绪情感分化迟缓，且缺乏深刻的情感体验

情绪可以分为基本情绪和认知情绪。基本情绪与满足人的生理需要相联系，而认知情绪，如愧疚等，则与社会化发展相关。而智力障碍儿童由于抽象思维的发展迟缓，其深刻的社会化情感受到影响。例如，智力障碍儿童会为得不到奖品而大哭大闹，但是并不会为自己的学习不好而产生羞耻和不好意思的情感体验。

3）情感状态不健全

智力障碍儿童的情感不健全表现在以下三个方面：①智力障碍儿童没有明显的心境表现，他们的情感往往只能维持很短时间。②智力障碍儿童由于认知能力低下，思维判断能力差，在突然出现紧张情况时不能迅速正确地做出反应、判断及有效地应对。③智力障碍儿童的激情反应与现实刺激的性质和强度不相匹配。

智力障碍儿童的内心体验不深刻，没有明显层次，比较单调和极端。例如，林文瑞的研究显示，智障学生的孤独感存在两种极端类型：一种为自闭型障碍，对身边的事物、现象、事件和活动等缺乏兴趣，漠不关心；另一种为性格外向、大大咧咧，但是一旦教师或家长要深入地与其接触，则立即表现出严重不安，退缩躲避，不能达到真正交往的目的。

二、有爱的陪伴不一样

小瑞，五年级学生，多动症儿童，脾气暴躁，在日常生活中经常与他人因为小矛盾而发生肢体冲突，因此在班级中的人际关系不好，大家都不愿意和他交朋友，学习状况也不好。家长和老师对此很是担忧。但是在家长和老师的陪伴下，小瑞慢慢发挥优势并在班级中进行展示家长和老师通过社交故事的方法教会小瑞正确处理问题和与他人交朋友的技巧，让他与他人友善相处。慢慢地，同学对他的接纳度增加了，他的行为问题也在逐步减少。

撰写社交故事

社交故事（Social Story）是由卡罗尔·格雷（Carol Gray）发展出的一套教导孤独症儿童认识社交情景的方法，又叫社交情景故事。以文字和图片的形式去再现一个情景，以此提升小朋友的人际沟通能力、解决问题行为，从而更快、更有效地和他人沟通、互动。社交故事在孤独症干预过程中被经常使用。

家长与孩子可以就一个主题共同撰写社交故事，在撰写的过程中能够与孩子共同建立规则，学会如何与他人或自己交往。撰写社交故事是需要逻辑的，我们可以从以下四个方面去做：

第一，在设计故事时，先阐述孩子的当前情绪、行为，如生气、开心、难过、哭闹等；

第二，设计一个符合当下故事的情景，何人、何事、何时、何地；

第三，进行分析，孩子的问题行为可能会产生的后果；

第四，给予孩子正向的做法"我可以如何去做"，那么当他再次遇到同样的问题时，他就可以这样去做。

例如，社交故事——我会好好表达。

（1）在走廊上看到别人奔跑，我会不开心；

（2）这个时候我会选择把脚伸出来，让她停下来；

（3）但是如果我这样做了，她就会摔倒，我也会摔跤和受到批评；

（4）当我看到别人奔跑时，我可以这样做——用手拉住她；

（5）我还可以跟她说让她慢一点，注意安全；

（6）或者跟老师说有同学在走廊上奔跑；

（7）当我这么做了，老师会表扬我，同学会谢谢我提醒了她，我会很开心。

降低活动难度

与特殊儿童共同进行活动时，家长们选择的活动难度要适应孩子的程度，孩子才可能有成功的机会。有成功的经验就表示孩子能接收并组织活动所提供的各种感觉刺激，并做出适当的反应。所以活动不是越难越好，也不是只要苦练、练得多就有效。不要一上来就让孩子做有挑战性的活动，先降低难度，慢慢来，一步步地增加活动的难度。

每个孩子的能力都不相同，同样的活动对不同的孩子而言，难度可能是不同的，因此他们所花的力气也不一样多。另外，孩子当时的身体和心理状况也会影响他的表现，所以要依据孩子当时的情况来斟酌活动的完成次数等。要尊重孩子的感受，如果他真的累了，不想玩了，就不要勉强为之。

在活动中，我们多鼓励孩子去做，并肯定他的参与和努力，做不成可以再做，不要施加压力，不和任何人比较，只是向自己的能力挑战。比刚刚做得好就够了，让孩子在活动中获得成就感，多一些肯定、表扬和鼓励。让孩子发现自己的长处，也学会面对自己的不完美。

要让特殊儿童听懂指令，完成活动，获得积极情绪感受，可以通过很多训练来进行，家长要降低语言的难度，明确发出指令。

如：活动目标是让孩子拿起一支笔并说"笔"，然后给家长。家长问："这是什么？"孩子不回答无反应；那么家长就可以直接说"把笔给我"，孩子就会把笔给家长。家长："很好，

这是笔。"孩子："笔。"家长："真棒，这是什么？"孩子："笔。"家长："太棒了！"在这个过程中如果孩子不愿意回答某个问题，那就适当地改变一些策略，降低难度，让孩子重复家长给他的答案，以此来达到活动目标。

除了简要的语言之外，还可以用有趣的方式进行活动，家长命令式的口吻无法帮助孩子将常规教育内化为自觉行为。家长可以采用设计游戏的方式，如"送玩具回家"，告诉孩子："玩具车的家在三楼，所以要放在柜子第三层。"或设计趣味口诀，如："两根鞋带是朋友，朋友之间拉拉手，两个朋友鞠个躬，感情很好再拉手，化作蝴蝶脚上飞。"还可借助乐器，如告诉孩子铃鼓响代表起立。

在活动的实践过程中，除了活动本身的设计安排以外，我们还需要考虑环境因素的影响。这包括环境中有无多余的刺激让孩子分心，我们本身是专心陪孩子还是同时在做着其他的事，房间里是否有其他的干扰。或者孩子是否有更重要的需求，比如想去厕所、疑惑、不想做活动等，这些情形都会影响活动的进行及孩子的参与和表现。所以家长要充分了解孩子，做出正确的判断，帮助孩子投入到活动中去。

有效改变环境

在现有的社会压力下，家庭中父母都是忙碌的状态。父母的直接抚养对特殊儿童的健康成长有积极的作用。但目前大多数家长为了生活而忙于工作，很少有时间陪着孩子，基本上都是把孩子寄养在爷爷奶奶身边，成为留守儿童。祖辈对孩子的溺爱特别严重，爷爷奶奶带大的孩子基本上都是爱发脾气、任性，且比较脆弱、敏感，孩子为了能够得到别人的重视和关注，就会做一些比较奇怪的行为。另外，有些爷爷奶奶身体欠佳，知识文化水平较低，无法对孩子进行科学、完整的家庭干预。

而且特殊儿童的生活方式和环境比较单调，基本上没有同龄伙伴，严重缺乏人际交往机会，到陌生环境就不知举措，无法进行有效的沟通和交通。单调的生活环境无法锻炼特殊儿童的人际交往和语言发展，很难形成健全的人格，阻碍特殊儿童健康成长。

家庭环境的影响给孩子的心理带来严重的打击，对孩子的成长形成了严峻考验。特殊儿童本身就有缺陷，如果再得不到全面的关爱，身心健康成长就必定会受到打击和阻碍。所以家庭环境的改变也是至关重要的，家长们可以多陪伴在孩子身边，关注孩子的健康成长，建立好的心理环境。

物理环境是进行常规教育的硬件条件。有序的空间环境能帮助孩子感知空间规则，梳理空间摆放次序，强化执行逻辑。那么，如何创造有规则的空间环境?

1）功能分区化

要让孩子明白物品应该待在该待的地方，所以要为物品创造专属的"家"。家长可将文具放在学习区，将玩具放在游戏区，将彩笔放在美术区等。功能区划分并没有统一、严格的标准，但目标都应是将原本无规则放置的物品依照某一标准区分开来。

2）步骤图示化

将步骤以图示呈现是提醒孩子遵守常规的好办法。儿童空间的导视设置需要考虑到孩子的认知水平，应采用图片、图画、符号等直观的视觉呈现方式，降低理解难度，让孩子一目了然，如将洗手的步骤用图画表现，并贴在洗手台旁。

看见特殊兴趣

很多特殊儿童都有一些常人所不具备的天赋。发现孩子的天赋，需要大人拥有敏感的洞察力、平静的心态、积极的态度、充足的时间和精力。

越来越多的案例表明，特殊孩子在成年以后，可以从事一些儿时特别感兴趣、与孩子的天赋有关的工作，并且能做得比普通人更好。

因此，我们应该关注这类特殊儿童的兴趣，并探索他们的天赋，加以培养。更重要的是，要把孩子独特的天赋转化并扩展到更加广泛的领域中去，在潜移默化中促进孩子的全面发展。

在自闭症孩子的家里，大人应该准备丰富的与教育相关的玩具、书籍和画册供孩子使用，并主动参与到孩子的游戏活动中去，在阅读和游戏活动中找到孩子的兴趣点，并加以引导和培养。

有些孩子特别喜欢地图，父母可以跟孩子一起玩地图，告诉他地图上标注的国家和地区名称，从森林、动物、矿产、资源到名胜古迹，从国家的人口、大小、形状到抽象的数学知识，还可以用英文标注这些知识，这样就可以最大限度地促进孩子的全面发展，教孩子学会语文、数学、英语等各学科的知识。

有些孩子特别喜欢汽车，家长可以从汽车开始与孩子交流和游戏，方法和上面的相同。但千万不要强迫孩子学习，那样只会适得其反。

着重培养和发展孩子的特殊兴趣，可能会导致特殊儿童能力发展的不平衡。但其实我们每一个人的能力都是不均衡发展的，只不过在不均衡方面，自闭症孩子更加突出而已。

从就业求职的角度来看，能力的不均衡并不像很多家长想象的那么严重，因为术业有专攻，很多在某一领域取得最高成就的人恰恰是那些"怪人"和专才。只要具备基本的生活自理能力，在某一领域的特殊才能完全可以让特殊儿童在社会上立足。

最近10多年，研究人员也开始关注自闭症患者狭隘兴趣的正面价值。在临床医学上，这属于自闭症诊断标准的类别之一，受限的、重复的行为、兴趣或活动模式，其最大特征是过强投入。

日常生活中，自闭症人士可能只想做或只想谈论他们的特殊兴趣。据调查，75%~95%的自闭症人士都有特殊兴趣，如收集明信片、洋娃娃，重复播放某首音乐或拍手等。聊天时，自闭症人士也常专注于一个特殊兴趣相关的狭窄话题，有些很常见，如火车、园艺或动物，有些则比较古怪，如马桶刷、海啸。

当然，这种特殊兴趣可能会让他们本可用来生活学习的时间变得越来越少。会出现这样一种现象的原因是，当特殊儿童专注于特殊兴趣时，其他人很难与他谈论其他任何事情，不然他就有可能会情绪爆发、发脾气。

医学家曾经认为自闭症人士的狭隘兴趣是一种回避活动，目的是舒缓和控制焦虑等负面情绪。但近15年来，越来越多的研究表明，这些兴趣本质是有益的。它有助于自闭症人士进入职场，建立自信和控制情绪问题，还可以帮助自闭症儿童习得更多社交技能和提升学习能力。

自闭症和同时患有智力障碍的儿童可能喜欢重复排列物体，

而对于非智障的自闭症儿童，特殊兴趣可能带来某一专业领域的超前能力。对于他们而言，有些特殊兴趣维持的时间很短，有些则终生存在。2020年，一项针对近2000名自闭症儿童的调查显示，他们平均同时拥有8个特殊兴趣。

如果我们从积极角度去看待特殊儿童的特殊兴趣，将特殊兴趣看作是他的一种优势，可能可以帮助他获得更多的积极体验，对他的学习和生活都有很大的帮助。

💡 建立稳定关系

亲子教育的本质是关系，关系就是一切，一切都是为了关系。回应可以让关系得以变得柔和而融洽，而关系则是回应的前提。每对父母都需要知道，自己与孩子的关系才是根本，相比起来，培养孩子的技能没有那么重要。特别是不能为了培养孩子技能，而和孩子构建非常糟糕的关系，这绝对是舍本逐末。每个孩子最终都要走向社会，而考验一个人是否可以融入社会，不仅仅看这个人的能力，更多是看这个人和周围人的关系，而这些关系的基础就是在孩子的生命早期是否和父母建立稳定而良好的关系，所以孩子和父母的关系会影响孩子的一生。精神分析界有一句名言：每个孩子都是父母的天然的心理治疗师。稳定而高质量的依恋关系，对一个人是极大的祝福。如果生命由此开始，那会是非常幸福的。所以家长需要用心关注孩子、用心接纳孩子、用心体会孩子，树立正确的教育观，尽可能给予孩子理解与关爱，进一步与孩子建立稳定、高效的亲子关系。

亲子间大量积极互动经验的积累，可以拉近父母和孩子的距离，加深孩子对人的情感。与父母的情感越深，孩子自发性沟通的动机就会越高，主动沟通的行为就会增加，孩子也会更期待和父母的互动。建立良好的亲子关系后，孩子在与父母互动时，会更愿意配合父母。孩子的学习动机更强，家长才能顺利实施教学目标，改善孩子的学习效率和效果。孩子有时掌握了很多技能，却很少表现出来，良好的亲子关系能够增强孩子参与活动的主动性，让他们更加主动地应用掌握的技能。

除了发展亲子的稳定关系外，同伴关系也是儿童社会关系中非常重要的人际关系之一，既是儿童社会化的重要途径，也是儿童社会化的重要内容，具有亲子关系和师生关系不可替代的独特作用。良好的同伴关系能够促进儿童社会交往能力、自我概念、人格、道德等的发展，让儿童获得安全感和归属感，这对于特殊儿童的成长也是至关重要的。

社会交往障碍是特殊儿童的核心障碍，他们不懂得如何与别人交往，不会用正常的方式来表达自己的想法和感受，加之缺乏解读别人心理的能力，因此特殊儿童很少有自己的朋友，以至于自己内心的喜悦和快乐无法与别人分享，悲伤和痛苦也不会向别人诉说。这与特殊儿童极度自我封闭和自我中心的性情是密切相关的，这也给特殊儿童建立正常的同伴关系带来了严重困难。但是我们要明确的是，特殊儿童也需要良好的同伴关系。

1）良好的同伴关系能使特殊儿童具有安全感

许多特殊儿童都缺乏安全感，由于无法和别人进行正常有效的沟通，致使孩子们无法表达自己的愿望，由于不能理解别人的想法和感受，以至于时常被人误解，因此为了安全起见，他们索性就缄口不语了。这对特殊孩子内心造成的影响是根深蒂固的。

然而孩子们也是有感情的、懂感情的，别人对他们的好，他们是能够感受到的，在与同伴相处的过程中能够令特殊儿童感受到爱、亲密和温暖，从而产生安全感。

2）良好的同伴关系有利于稳定和调节特殊儿童的情绪和行为

由于特殊儿童缺乏与人沟通的能力，往往会形成人格瑕疵，内心充满自卑感，加之无法顺利实现自己的愿望，于是会产生各种各样的情绪行为问题。此外，周围的人若试图改变其刻板行为或提出他不愿接受的要求，以及自身的各种身体疾病，都会导致特殊儿童的情绪行为的发生。

虽然特殊儿童很难与别人建立同伴关系，但同伴关系是他们最容易接受的，在与同伴交往的过程中，他们也会体验到轻松、快乐和幸福，这对发展特殊儿童稳定健康的情绪是非常有利的。

3）良好的同伴关系有利于特殊儿童的社会化

社会交往障碍是特殊儿童的核心症状，他们缺乏与人交往、交流的倾向，对周围的事漠不关心，似乎是听而不闻、视而不见。自己想怎样就怎样，身边发生什么事似乎都难以引起他们的兴趣和注意。他们的目光总是游离不定，很少正视别人，不仅不能传递自己的信息，也很难接收到别人的信息，因此不会与别人建立正常的联系。

在建立同伴关系的过程中，能够充分调动特殊儿童的语言、表情和动作等各种社会性行为，在向同伴模仿、学习以及与同伴合作、分享、交往的过程中，特殊儿童的行为逐渐符合社会规范的要求，并初步让人接受。这就为特殊儿童融入普通社会铺平了道路。

4）给孩子多创造一些和小伙伴玩耍的机会

作为家长，应该尽量给孩子多创造一些和同龄小伙伴玩耍的机会，也可以试着多了解一些小伙伴之间互动的语言。当然，由于孩子和小伙伴互动会遇到很多困难，所以当孩子和小伙伴们共同玩耍的时候，家长要尽量陪伴，以便及时化解一些矛盾冲突。

5）多陪伴孩子

对于社交障碍儿童来说，父母的陪伴是最好的良药。家长应尽量多抽时间来陪孩子聊天、玩耍、交流等，培养孩子的语言能力和沟通能力。

6）多一些互动的游戏

不要让孩子长时间沉浸在自己的世界里面，要多陪伴孩子做一些互动的游戏，比如说来回扔球，或者是玩一些棋类等带有一定胜负结果的游戏，这样可以帮助孩子更好地理解和小伙伴之间的沟通，以及提升游戏能力。